李新生 高月锋 著

开启创新之门

创造性思维训练教程

山东城市出版传媒集团 · 济南出版社

图书在版编目（CIP）数据

开启创新之门：创造性思维训练教程 / 李新生，高月锋著. — 济南：济南出版社，2018.12

ISBN 978-7-5488-3350-5

Ⅰ. ①开… Ⅱ. ①李… ②高… Ⅲ. ①创造性思维-思维训练-青少年读物 Ⅳ. ①B804.4-49

中国版本图书馆 CIP 数据核字（2018）第 296993 号

责任编辑 胡长娟
封面设计 焦萍萍

出版发行 济南出版社
地　　址 山东省济南市二环南路 1 号（250002）
邮　　编 250002
网　　址 http：//www.jnpub.com
印　　刷 济南新先锋彩印有限公司
版　　次 2018 年 12 月第 1 版
印　　次 2019 年 1 月第 1 次印刷
成品尺寸 170mm×240mm　16 开
印　　张 15
字　　数 188 千
定　　价 38.00 元

前言

随着知识经济时代的到来和经济全球化的加速，国际竞争更加激烈，为了在竞争中赢得主动，依靠科技创新提升国家的综合国力和核心竞争力，建立国家创新体系，走创新型国家发展之路，成为世界许多国家的共同选择。

创新能力是民族进步的灵魂、经济竞争的核心。“少年强则国强”，青少年时期是人的个性品格形成的重要阶段，也是培养创新精神与创新能力的最佳时期。因此，加强青少年创新能力培养是创新能力培养的关键。

科技创新能力的形成是一个过程，需要一定的环境。如果人们自觉而明智地去塑造有利于科技创新的环境，就能激发科技创新的社会潜能。从各国的经验来看，科技创新能力的形成有赖于如下几个因素：一是要有良好的文化环境。例如，有一种尊重知识、尊重人才的社会氛围，有热爱科学的社会风气，有百花齐放、百家争鸣、追求真理、实事求是的学术教养和规范等。二是要有较强的基础条件。在科技创新的基础条件中，最重要的是教育体系。中国的传统教育体系偏重于知识传授，厚重有余，活力不足，在某种意义上不利于创新能力的形成。中国的教育在课程设置、教授方式、考评方式等方面均有诸多待兴待革之处。三是要有有效的制度支持。国家对自主科技创新的制度支持应是全面而有效的。

中学生正处于创造力形成的关键时期，好奇、爱思考、爱发问，应当是中学生的优点，也是有所创造的必要条件。历史证明，青年时代是最富有创新精神的黄金时代。世界上许多重大的科学发明者是青年，如爱因斯坦 26 岁提出狭义相对论、海森堡 24 岁建立了矩阵力学等。然而，我国青少年目前普遍创新意识不强， 创新能力、动手能力及解决问题的能力远不及英、美等发达国家的同龄人。基于中国青少年教育的短板，作者在如何有效提高中小学生创造力方面做了一定的研究和探索：在十年的一线教学实践中，进行了许多有益的尝试，开发了一套系统的、符合中小学实际的科技创新校本课程，并不断完善其内容；申请了三个国家级的课题，全部结题；取得了较好的教学效果，教学成果获山东省基础教育教学成果奖特等奖，在全国有了一定的影响。作者把课程的核心内容汇编成了本书，可作为各地中小学科技创新教育的参考用书。

本书 32 个课时，从创新意识、创新思维、创新知识、创新方法、项目设计、科学探究等 6 个方面，由浅入深、图文并茂地展示了创新能力培养的过程，让学生在一个学年度经历完整的思维、知识、实践三位一体的创新能力训练，学会研究性学习。本书既强调了科学性，又注重了趣味性，在教学实践中，深受广大学生的欢迎。课程精选了大量案例示范，让学生从感性到理性，深刻领会创新的内涵和外延，学会从不同的思维角度看待问题，寻找解决问题的方法；引导学生科学地学习、思考，使其解放思想、大胆质疑，敢于挑战权威、敢于做前人没有做过的事。

由于编者水平有限，在编写过程中难免出现疏漏，欢迎广大读者批评指正。

目录

第四章　初识 TRIZ 理论

第五章　实践项目设计

第六章　科学探究及应用

第一章 走进科技创新

从"鼠标现象"看自主创新

中国工程院院士倪光南曾经在一次演讲中以"鼠标现象"为例，揭示了电子信息产业的利益分配内幕。美国罗技公司的无线鼠标生产链中的利益分配如下图所示：

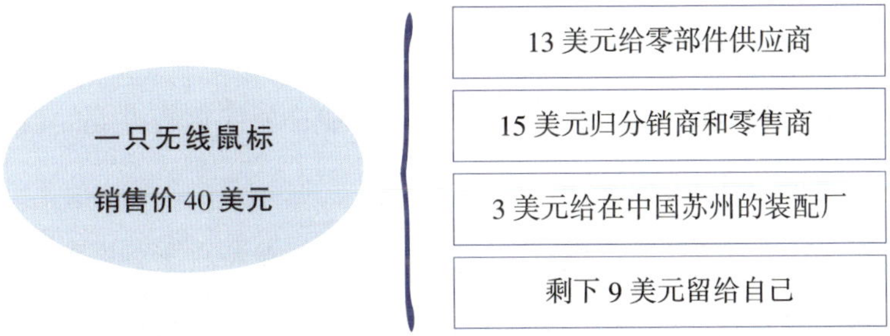

一只无线鼠标
销售价 40 美元

- 13 美元给零部件供应商
- 15 美元归分销商和零售商
- 3 美元给在中国苏州的装配厂
- 剩下 9 美元留给自己

从这个利益分配链上可以看到，靠简单装配所分享的利益是最少的，而反映鼠标核心价值的芯片制造技术来自零部件供应商，这部分的价值就明显体现了自主创新的价值。类似这种体现自主创新价值的利益分配，被称为"鼠标现象"。

第一节 科技创新改变自己

阅读导航：

1. 科技创新对人类及社会的发展有什么意义？

2. 科技创新和我们的生活关系密切吗？我们在日常生活中能体验到科技创新吗？

3. 我们有信心学会科技创新吗？我们能做什么样的科技创新？

当今世界，科技创新能力成为国家实力最关键的体现。在经济全球化时代，一个国家具有强大的科技创新能力，就能在世界产业分工链条中处于高端位置，就能创造激活国家经济的新产业，就能拥有重要的自主知识产权，从而推动社会的发展。

纵观当今世界创新型国家，其共同特征是：科技自主创新成为促进国家发展的主导战略，创新综合指数明显高于其他国家，科技进步贡献率大都在70%以上，对外技术的依存度都在30%以下。因此，科技自主创新方能体现出国家的创新能力，只有不断提升自主创新能力，才能使经济建设和社会发展不断迈上新的台阶，真正实现可持续发展。

中小学生具有好奇、好学、好动的特点，他们所处的时期正是培养创新思维、创新能力和实践能力的最佳时期，做好中小学生的科技创新教育是培养创新型人才的关键。

那么，什么是创新呢？

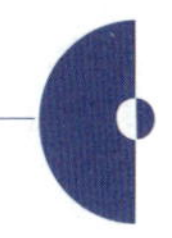

一般认为，创新是指：以现有的知识和物质，在特定的环境中，改进或创造新的事物（包括但不限于各种方法、元素、路径、环境等），并能获得一定有益效果的行为。创新包括工作方法创新、学习创新、教育创新、科技创新等。科技创新只是众多创新中的一种，通常包括产品创新和工艺方法等技术创新。

下面，我们来看几个中学生创新的例子。

图 1.1.1　上海南浦大桥

案例一：上海南浦大桥的螺旋形引桥采用的是中学生的设计方案。

上海南浦大桥横跨黄浦江，为了提高黄浦江的通航能力，桥面架设得离地面很高，这就要求从地面上去需要一段很长的引桥。北岸地方狭窄，无法把引桥建设得很长，如何设计引桥难住了桥梁专家，他们最终决定向社会征集设计方案。在众多的方案中，脱颖而出的是一个中学生的设计——螺旋形引桥，如图 1.1.1 所示。

从这个案例中我们可以看到，中学生的创新思路也能对社会发展做出很大的贡献。

案例二：欣赏几个中学生的发明，讨论其发明的技巧和原理。

图 1.1.2　方便倾斜的暖瓶

如图 1.1.2 所示，方便倾斜的暖瓶是一位初中学生的创意作品。这位学生利用初中学习过的杠杆原理，设计出了方便倒水的暖瓶。这位学生想到，在日常生活中，老人和孩子用暖瓶倒水时不方便，于是就做了一个暖瓶支架。支架分两部分，一部分是一个固定的底座，另一部分是一个能够在底座上旋转的支架，支架一侧伸出一个较长的手柄。把暖瓶放在旋转的支架上，当倒水时，用手摁长手柄，支架和暖瓶一起倾斜，水就流出来了。手柄较长，利用的是省力杠杆的原理。

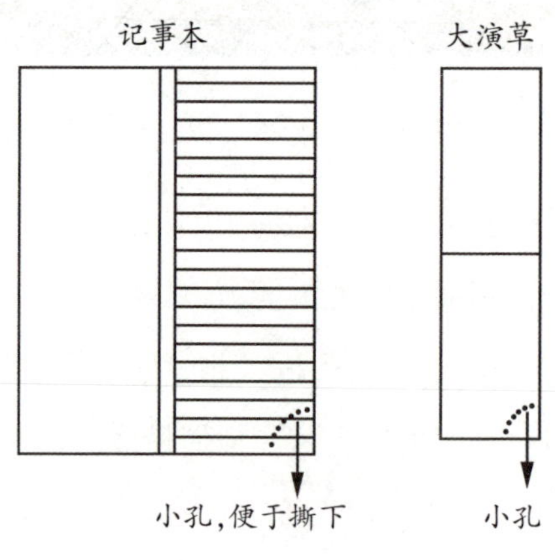

图 1.1.3　方便批阅的本子

如图 1.1.3 所示，方便批阅的本子是一位高一学生的创意作品。这位学生在日常的学习和生活中，非常注意观察。他在老师办公室观察到，数学老师在批阅数学作业时，翻作业本的时间经常比批作业的时间还长；他在写作业时也注意到，作业本右下角容易被胳膊压卷页。把两个现象联想到一起，这位学生想出了一个好主意：在作业本

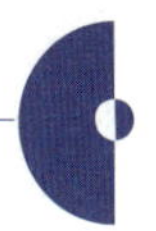

的右下角做个易撕的设计，写到这页时，就把右下角撕去，老师批改作业时，也能很容易通过右下角的缺口，翻到需要批改作业的地方，大大节省了批作业的时间。

如图 1.1.4 所示，方便穿的上衣也是一个初中生的发明。这位学生注意到，老人和小孩由于手不灵便，穿带袖的衣服时非常费劲，又联想到衣服的拉链，于是想到一个好主意：在袖子上也装上拉链，打开拉链时，容易穿衣服；闭合拉链时，就是正常的袖子。这样的设计非常实用。

图 1.1.4　方便穿的上衣

启示　这三个学生的案例都说明：生活中处处有发明，只要注意观察，善于思考，就能找到发明点。发明无论简单还是复杂，只要能解决问题，有创新点即可。

学习科技创新的意义并不仅仅在于发明日常生活中的一个小产品，对学生的意义主要是使其转变思维方式，特别是要把创新思维应用到学习中去。我们看下面的案例。

有一位喜欢数学的高一女生发明了一个求任意旋转体表面积的初等数学公式。任意旋转体的表面积可以用高等数学中的微积分来求。这位学生通过对圆的面积的研究，提出了一个初等数学公式。她发明的公式要比我们在课堂上正常使用的公式简单很多。我们通过她的论文来体验一下她的思维过程。

旋转体表面积创新解法与应用的研究

对于任意的由直线围成的图形旋转一周而成的几何体，它的表面积为：

S=π×拐点 1 到定轴距离×（邻边 1+邻边 2）+π×拐点 2 到定轴距离×（邻边 2+邻边 3）+……+π×拐点 n 到定轴距离×两邻边之和。

一、创意背景

人们都说："兴趣是最好的老师。"在学习圆锥的表面积之前，我曾遇到一个求圆锥表面积的问题，当时是这样想的：如果把圆锥看作是绕一个直角三角形一直角边转动而成的，则底面圆面积可求得 $S=\pi r^2$，那么可不可以理解为将半径转动 πr 次而得，那么同样的母线 l 也转动 πr 次，则 $S_{侧}=\pi rl$，查阅资料后，发现结果正确。但再这样计算圆柱、圆台的表面积时，就不成立了，这是为什么呢？对于任意一个旋转体，到底怎样才能总结出一个通用的公式呢？

我想到圆柱体与圆锥体的区别在于矩形比三角形多了一条边，这条边究竟有什么用呢？根据已知的圆柱侧面积公式 $S_{侧}=2\pi rh$，我猜想：是不是这条边又决定了一个 πr。我始终对这些问题有很大的疑惑。

按照这个规律，我接着去研究圆台，出乎意料地发现它竟也符合这个规律。然后是一些其他的复杂旋转体，不管怎样，基于它总是圆柱、圆锥、圆台的随意组合，也都满足这个规律。

可以说，得到这个规律让我如同哥伦布发现新大陆般的兴奋。我拿着这个研究成果去网上检索，发现这个规律尚未被人提出。

我利用课余时间把这些东西整理出来，交给我的老师。老师也很赞同我的想法，对我加以指导和改进。

二、局限性

我再用这个公式去研究球体时，发现它并不满足了。我们既然开始假定每条边机会均等，那么对于曲线，它应该是分为无数条小边，把它看作是直线围成的 n 边形，再来用这个公式。这个公式显然只适用于旋转图形为直线围成的情况，还不满足曲线图形，正如“球”等，对它的研究或许可以采用微积分。

三、优点

1. 这种做法将曲面面积完全转化到一个特定的平面图形上。

2. 同时这里强调任意性：

(1) 任意给一“直线围成的图形”旋转而成的旋转体，只要分离出它的基本图形，即绕哪个图形转动的，都可以运用此公式算出它对应的旋转体的表面积。

(2) 反过来，在平面中任意给出 n 个点，这 n 个点所围成的直线封闭图形的旋转体表面积，都可用这个公式求出来。

3. 这种算法与已研究的做法相比，大大简化了需要测量的数据及其运算，不必采用微积分，完全从另一个角度来解释表面积的形成。

4. 在实际应用中可广泛采用。

四、已研究的解法

1. 先将函数 $y=f(x)$绕 x 轴旋转一周得到旋转体的表面积，再采用定积分，即求得 $S=2\pi\int_m^n\left[f(x)\sqrt{1+f'^2(x)}\right]dx$

2. 需要用到定积分，且运算过程复杂。

五、我研究的公式

1. 圆锥体

这个规律既然最初是从圆锥中发现的，那不妨先从圆锥看起。

我们完全可以把圆锥看作是一个三边长 a、b、l 的直角三角形绕中间一个定轴转动一周而成的，如图 1.1.5 所示。既然线构成面，而正方形的面积作为定理也是用边长乘边长得到的。那么，我们完全可以把圆锥底面积看作是半径转动 πr 次得到的，而 l 在三角形中与 a 机会平等，那我们就可以算得 $S_{侧}=\pi rl$。

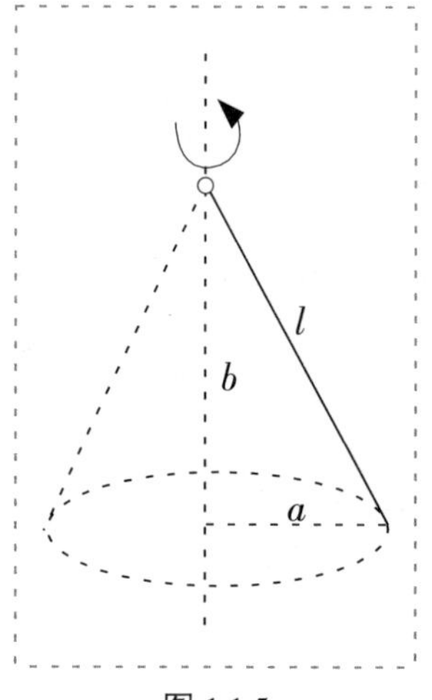

图 1.1.5

2. 圆柱体

圆柱体既然也是绕轴转动，那么按照刚才的算理，$S_{侧}=\pi rh$ 才对，但这样看显然就等于圆锥的侧面积了，那么问题出在哪呢？很明显，矩形与三角形相比多了一条边，这时候我们就引入“机会平等”这个概念，即 a、b 同时参与，a 有 πr 的机会，b 有 πr 的机会，那么得到圆柱 $S_{侧}=h\ (\pi r+\pi r)=2\pi rh$（图 1.1.6）。如果写到这觉得有些牵强的话，那我们再来研究规则的圆台。

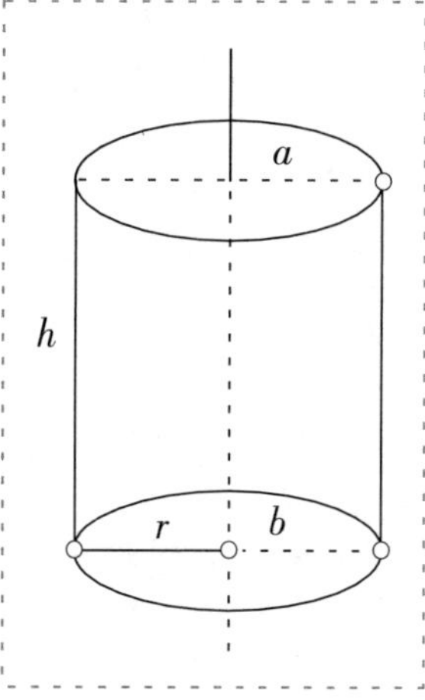

图 1.1.6

3. 圆台

圆台无非也是一个直角梯形绕中轴转动而成的。计算侧面积的普遍方法为：用大圆锥侧面积减去一个小圆锥侧面积，如图 1.1.7 所示。现在我们用“机会平等”原则来计算：很明显类似于圆柱体，直角梯形有四条边，上下边各转动 πr 次，那么圆台 $S_{侧}=l(\pi r+\pi R)$（这个地方在实际应用中只需测量母线 l、r、R）。

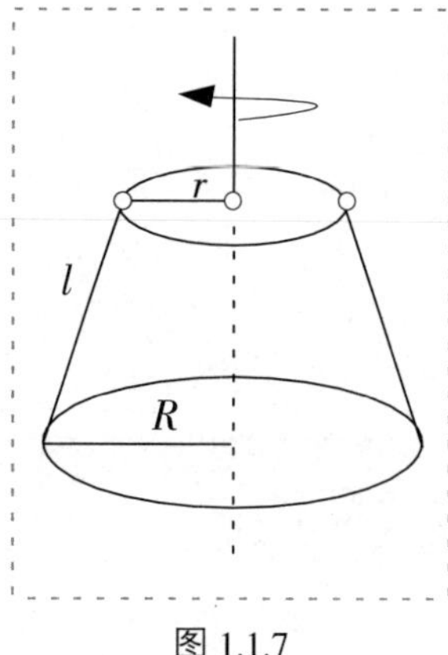

图 1.1.7

用图 1.1.8 来检验这个推导过程。

用已知知识求侧面积得：

$S_{大圆锥侧} - S_{小圆锥侧} = \pi Rm - \pi rn$

则： $S_{侧} = S_{大圆锥侧} - S_{小圆锥侧} = \pi Rm - \pi rn = \pi Rl + \pi Rn - \pi rn$

我们又知道：$n/m = r/R$

$nR = mr$

$nR = (n+l)\ r$

$nR - nr = lr$

所以 $S_{侧} = \pi Rm - \pi rn = l\ (\pi R + \pi r) = \pi l(R+r)$

图 1.1.8

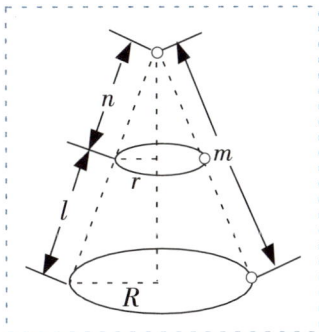

4. 研究完三角形、四边形，我们接下来研究五边形。

任意画一几何体（必须是旋转体）(图 1.1.9)，分割计算表面积：

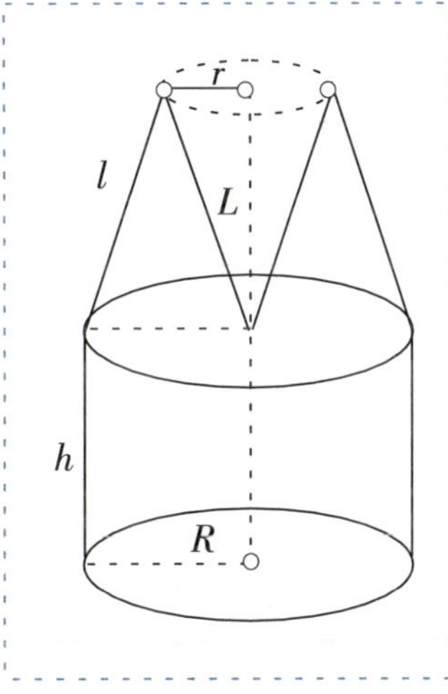

图 1.1.9

$S_{表} = S_{柱侧} + S_{圆侧} + S_{锥侧} + S_{底}$

$= 2\pi Rh + l\pi\ (r+R)\ + \pi rL + \pi R^2$

$= \pi R\ (R+h)\ + \pi R\ (h+l)\ + \pi r\ (l+L)$

……①

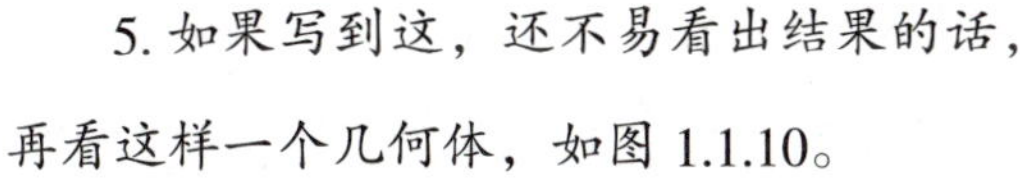

5. 如果写到这，还不易看出结果的话，再看这样一个几何体，如图 1.1.10。

将此几何体看作是图中红线围成的图形绕中间红线转动一周而成的，则

$S_{表} = S_{下底面} + S_{上底面} + S_{侧中间柱体} + S_{侧大圆台} + S_{侧中间小圆台}$

$= \pi r_3^2 + \pi r_2^2 + 2\pi r_3 h + \pi L_1\ (r+r_3)\ + \pi L_2\ (r+r_2)$

$= \pi r_3\ (r_3+h)\ + \pi r_3\ (h+L_1)\ + \pi r\ (L_1+L_2)\ + \pi r_2\ (L_2+r_2)$ ……②

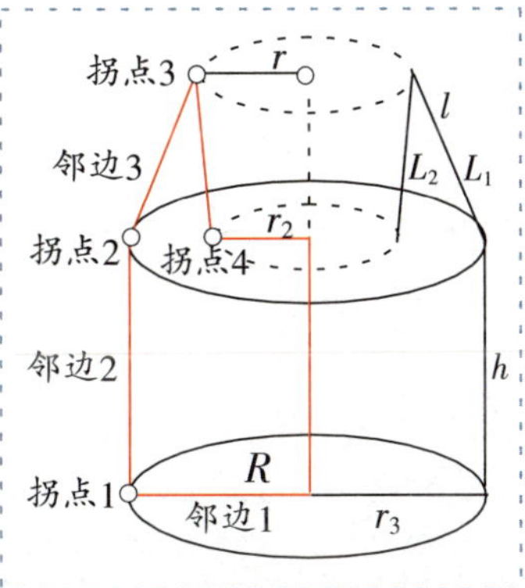

图 1.1.10

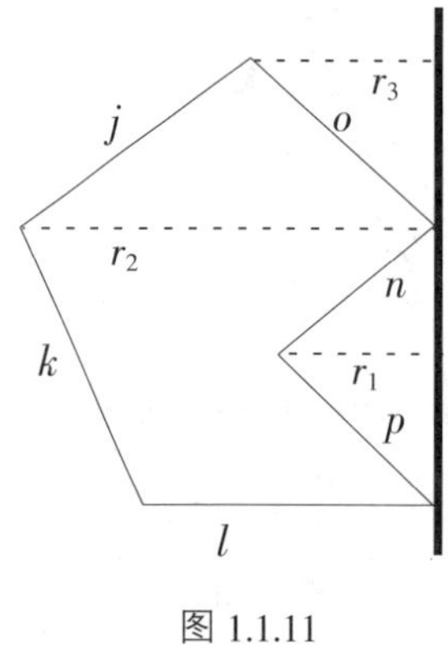

图 1.1.11

写到这就可以总结出一个规律了（结合①与②）。对于任意的由直线围成的图形旋转一周而成的几何体，它的表面积为：

S=π×拐点 1 到定轴距离×（邻边 1+邻边 2）+π×拐点 2 到定轴距离×（邻边 2+邻边 3）+……+π×拐点 n 到定轴距离×两邻边的和

找到这个规律后，我们再试着去研究一些其他的较典型的图形，看这样的一个图形围成的旋转体，如图 1.1.11 所示。

它的表面积为：

$S_{表}=\pi l(l+k)+\pi(k+j)\times r_2+\pi(j+o)\times r_3+0+\pi r_1(n+p)+0$

验证成立。

综上，这个公式成立。

六、应用

生活中不乏计算旋转体表面积的问题，尤其是在一些工厂复杂零件上，可以广泛运用此公式。这里，我以矿泉水瓶举例（图 1.1.12）：

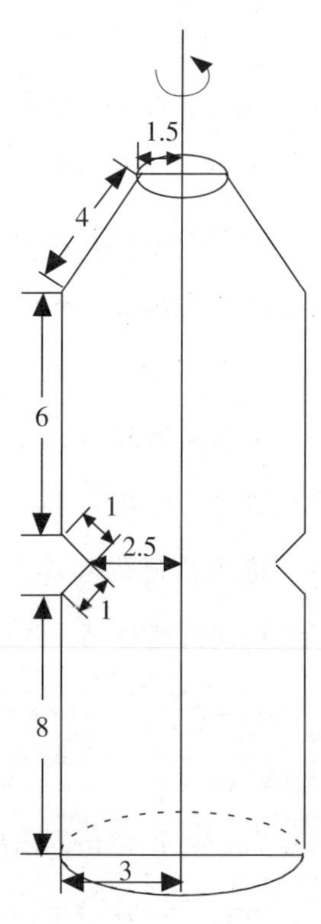

图 1.1.12

一般做法：$S_{表}=1.5^2\pi+4\pi(1.5+3)+2\pi\times3\times6+\pi(2.5+3)\times2+2\pi\times3\times8+9\pi=124.25\pi$

我的做法：$S_{表}=\pi(3\times11+3\times9+2.5\times2+3\times7+3\times10+1.5\times5.5)=124.25\pi$

七、研究日志

2012 年 11 月 16 日

碰到一个超纲的题目，要求圆锥体的表面积，因为感兴趣，便去自己研究圆锥体表面积公式。既然圆锥可看作是绕一个直角三角形一

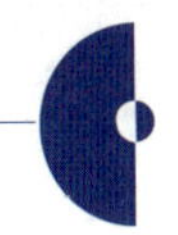

直角边转动而成的，且底面圆面积可求得 $S=\pi r^2$，那么可不可以理解为将小直角边即底面圆半径转动 πr 次而得，这样母线 l 也转动 πr 次，则 $S_{侧}=\pi rl$。

我满心欢喜地上网查找了资料，发现结果竟然正确。

就在欣喜的同时，另一个问题忽然涌现在我眼前：为什么这样去想圆柱体的表面积时却不成立了？我们都知道 $S_{圆柱}=2\pi rh$，那么为什么会多出来一个 πr？那圆台又是怎么回事？

2012 年 11 月 17 日—11 月 23 日

几乎用所有的课间来想这个问题，查阅各种资料、书籍。

2012 年 11 月 24 日

对于这个问题的解决终于有了些眉目，找到了一个这些旋转体都符合的公式。我像哥伦布发现新大陆一样兴奋。

2012 年 11 月 25 日—12 月 10 日

我开始试着将这个公式整理下来，并在整理过程中又引入了一些其他复杂旋转体来证实我的结论，并思考它在现实生活中的应用。

2012 年 12 月 21 日

这注定是不平凡的一天，因为这一天改变了我的世界。我的研究报告整理完毕，且通过网上索引，认定这就是我的创新，是我的智力成果。

2013 年 1 月 13 日

我把报告交给高老师，他很欣赏我的想法。于是，我开始在高老师的指导下对报告进行改进，并整理成论文的形式。

2013 年 2 月 20 日

我的研究报告终于竣工，一种成就感、自豪感涌在心间。通过这次自己去研究、发现并解决问题，我体会到生活处处皆学问。我们除了每天“两耳不闻窗外事，一心只读圣贤书”，还要敢于去发现问题、提出问题，并能大胆地猜测、解决问题。这个过程，也许布满了艰辛、曲折，却也存

在着快乐与惊喜，或许这也正是科学的魅力所在。

通过上面的案例可以得出：拥有创新思维，不仅仅能发明创造一件物品，更主要的是能改变我们学习的态度和方法，发展我们的思维，使我们拥有站在巨人的肩膀上的创新能力。

具备创新能力主要表现在以下几个方面：

1. 发明某个以前未曾存在过的东西。

2. 发现某个存在于其他某处，但你没有意识到的东西。

3. 为做某事发明一个新过程。

4. 把一个现存过程或产品应用于一个新的或不同的市场。

5. 开发一个看问题的新方法（产生一个新观点）。

6. 改变看问题的方式。

讨论总结

通过本节课的学习，总结科技创新对自身发展的价值和意义，树立自信心。

第二节
体验创意生活

阅读导航：

1. 日常生活中有哪些好的创意？它们的结构和原理是怎样的？

2. 通过欣赏本节课介绍的生活中的创意，我们能学习到哪些有关创意的方法和技巧？如何通过欣赏别人的创意作品来开拓自己的视野和思维？

3. 生活因创意而美好，如何提升自信心来创意自己美好的生活？

在日常生活中，我们会遇到很多不便，如果你能注意到这些不便，并开动脑筋去改变它，就说明你具有了创新的意识。让我们一起走进创意的世界，去体验一下有趣的创意吧。

首先，我们欣赏一下自行车的创意：

1. 车轮发光自行车

在骑行过程中，这种自行车的车轮会发光，能保证安全；也可以发出图案或者文字，用以做宣传广告。(图 1.2.1，图 1.2.2)

图 1.2.2

图 1.2.1

图 1.2.4

图 1.2.3

图 1.2.5

2. 背包式自行车

这种自行车不仅体积小、重量轻，还可以在两分钟内被折叠成便携式的背包背在身上。(图 1.2.3 至图 1.2.5)

图 1.2.6

3. 折叠自行车

这种自行车折叠起来后容易携带。(图 1.2.6，图 1.2.7)

图 1.2.7

图 1.2.8

图 1.2.9

图 1.2.10

4. 躺着骑的自行车

这种自行车能提高脚蹬的力量，且不容易疲劳。（图 1.2.8 至图 1.2.10）

图 1.2.11

5. 无把扭动自行车

这种自行车通过身体的扭动改变重心的位置使自行车转向。（图 1.2.11）

6. 并轮自行车

这种自行车行进时，后面两个轮子竖立，方便骑行；停车时，后面两个轮子倾斜，形成八字形，防止自行车倾倒。（图 1.2.12）

7. 无链自行车

这种自行车的动力传输不是使用链条，而是使用传动轴进行传输，传动力量较大。（图 1.2.13）

图 1.2.12

图 1.2.13

图 1.2.14

图 1.2.15

8. 独轮自行车

自行车只有一个大轮，人坐在轮子里骑行。轮子分两层，外面的一层旋转，重心在轮子的下半部分，由于重力的作用，里面的一层不转，即轮子的内外层相对旋转。（图 1.2.14）

9. 多人自行车

这种自行车有多个车座，组成环形，每个座下面都有脚蹬来提供动力。有一个人掌握方向就可以了，其他人边提供动力，边围在一起，聊天、喝茶、打牌、开会都可以，非常方便。(图 1.2.15)

图 1.2.16

图 1.2.17

10. 方轮车

一般来说，车轮都是圆的，因为圆形车轮在平地上能够很方便地滚动，如果轮子是四方形的，在平地上就不能方便滚动了。但是如果地面是一个一个悬链线的凸起，方形轮的边长正好等于悬链线的弧长，这时，方轮车就可在悬链线的轨道上轻松地滚动，且使车轴始终处于同一水平面内，骑行起来和圆轮车在平地上的效果一样。这体现了数学图形的巧妙结合和逻辑关系。（图 1.2.16 至图 1.2.18）

图 1.2.18

11. 摇车

摇车利用曲轴把平动变成转动，利用手摇柄为轮子提供前进的动力。(图 1.2.19)

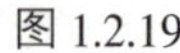

图 1.2.19

12. 滑行自行车

滑行自行车需要助跑，利用奔跑的惯性来进行滑行，这样既能节省体力又能增加速度。(图 1.2.20，图 1.2.21)

图 1.2.20

图 1.2.21

图 1.2.22　一体桌椅

图 1.2.23　高跟鞋凳子

从以上对自行车的创新中我们发现：对于一个物品，可以从不同的角度实施发明创造。

比如自行车，可以从自行车的外观、结构、传动方式、功能等各个方面实施发明。另外，还可以从概念开发的角度，实施新的发明。

自行车的概念可以总结为：一种能使人通过自身力量产生位移的工具。有了这个概念，你就可以设计出新型的替代自行车的交通工具。

不仅仅是自行车，日常生活中的各个方面我们都可以进行创意改变。比如：图 1.2.22 的一体桌椅，不仅造型好看，功能也很强大；图 1.2.23 的高跟鞋凳子，可以仰躺着睡觉。

伞也是我们日常生活中经常用到的物品，现在的雨伞也有很多需要改进的地方，下面我们一起来欣赏雨伞的创意。

图 1.2.24

1. 情侣伞

情侣伞名副其实，手拉手，心连心，多浪漫。（图 1.2.24）

2. 提包伞

提包伞是女士的福音，收起伞是个包，撑开是把伞，既方便，又上档次，可以提升女士的形象。（图 1.2.25）

图 1.2.25

3. 荧光音乐雨伞

当你走在黑暗的小巷里，当你一个人百无聊赖地走在雨中，你是否需要一把能照亮你前方的路并能带给你音乐享受的伞呢？这种伞，伞面装有感应装置，能根据雨点打在伞面上的大小和频率变换出不同的颜色和声音。雨势越大，颜色变换的频率越快，发出的光也就越亮，声调也越高。（图 1.2.26）

4. 心情雨伞

这种雨伞上有特殊图案：当伞面比较干燥时，图案是白色的；当伞面淋上雨水，图案就变成了彩色的。下雨天会让人心情不好，用彩色的图案，可以给人带来好心情。（图 1.2.27）

图 1.2.26

图 1.2.27

图 1.2.28

图 1.2.29

5. 防风雨伞

这种雨伞采用特殊结构，可以在四面八方对撑伞的人形成包围，即使有风，雨也进不到伞里面去，防止身体被淋湿。透明的伞面，还不会阻挡视线。(图 1.2.28)

6. 防淋雨伞

这种雨伞在一侧对伞面进行延长，伞把不在中心，而让人在伞的中心，目的是让伞更好地保护人。(图 1.2.29)

7. 能背雨伞

伞把上有背带，可以把伞背在身上，让人的两只手腾出来，做其他的事。（图 1.2.30）

8. 宠物伞

小宠物也能打伞，不过得是主人帮它打。这种伞伞把在伞的上面，伞面倒转。（图 1.2.31）

图 1.2.30

图 1.2.31

日常生活中的方方面面都能进行改进、创新，让我们的生活更方便、更美好。下面，我们再欣赏一下生活中的其他创意。

1. 磁铁灯

我们在维修物品时，既需要照明，又需要手来维修，特别是在一些狭窄空间或野外时，就可能需要帮手来照明。如果我们有这样一个灯：四面都有磁铁，可以把灯粘在任何一个铁制物体上，并能任意改变灯光照的方向，那么我们在维修物品时就很方便了。(图 1.2.32)

2. 移动桌凳

移动桌凳相当于一套可以随时移动的桌椅，它的好处就是方便，在图书馆、阅览室、家中甚至是教室里都可以使用。(图 1.2.33)

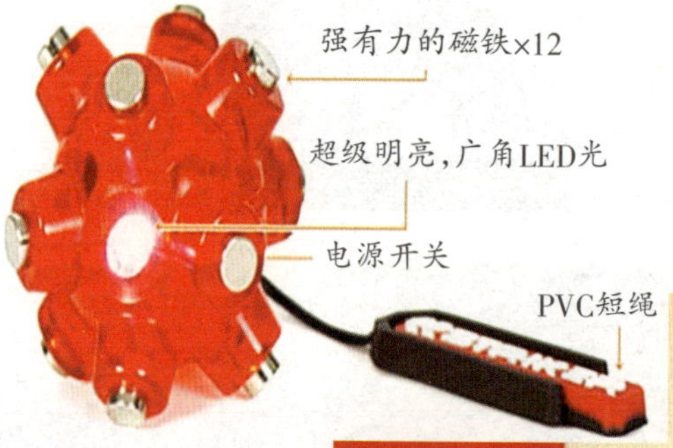

图 1.2.32

图 1.2.33

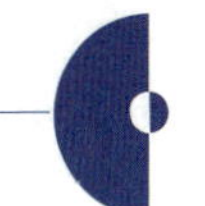

3. 悬吊音箱

这是一个利用了逆向思维的创意。一般都把音箱布置到地面或桌面上，既占空间也难布线；现在反过来，把音箱布置在天花板上，利用房间的上半空间。(图 1.2.34)

4. 宠物储钱罐

宠物储钱罐既能储钱，又能完成喂宠物的心理需求。当把钱币放在小狗面前的碗中时，小狗就能感知到，然后把钱币吃进肚里。这个创意符合时代发展的需求，未来养宠物的人会越来越多，电子宠物相对于真的生物宠物来说，在未来会更受欢迎。(图 1.2.35)

图 1.2.34

图 1.2.35

图 1.2.36

5. 软木花盆

花草爱呼吸，这款疏松透气的软木花盆非常有利于土壤透气，不仅环保耐用，还素雅朴实。（图 1.2.36）

6. 双向手灯

如果你有在漆黑环境中走路的经历，一定会知道，只有一个手电筒虽然要比没有手电筒好得多，但也并不见得能让你行走的步伐加快多少。因为，单个手电筒只能照亮一个方向，而我们不仅要看清前面的路还要同时兼顾脚下，所以，如果只有一个手电筒就只能在脚下和前方之间不断地切换，生怕发生意外。

双向手灯被设计成一个圆环状的提手的形状，开关则位于圆环上方，方便大拇指控制。这种手灯最棒的地方在于它配备有三个照明灯：一个大灯用来照亮前方，另外两个小灯则可以分开一定的角度照亮脚下。这样一来，这一个手灯就可以同时照亮近处和远处，你行走起来也更加迅速。（图 1.2.37）

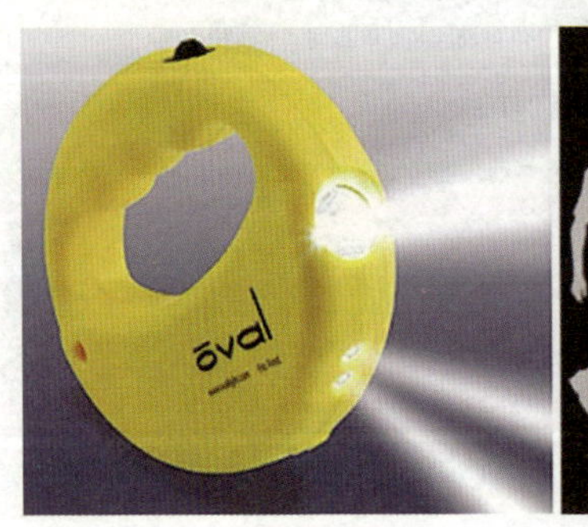

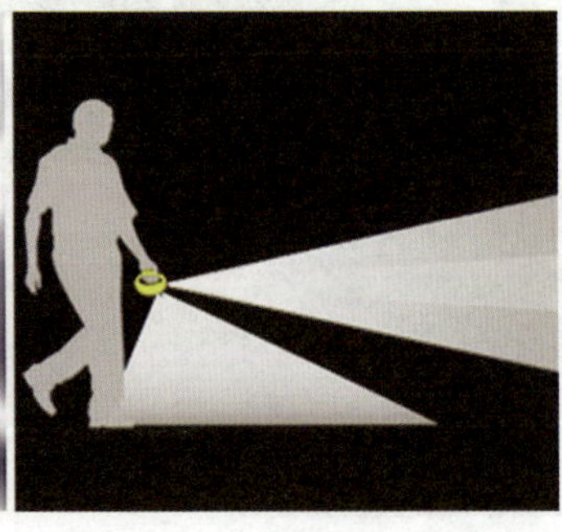

图 1.2.37

图 1.2.38

图 1.2.39

图 1.2.40

图 1.2.41

7. 发光枕头、发光沙发、发光茶几

“发光”也是一个发明点，要哪些物体在什么情况下发出什么样的光，设计好了就是一个很好的发明。如图所示的发光茶几中，只要放上物体，有压力产生，就会在压力的周围发出点点星光，非常浪漫。（图 1.2.38 至图 1.2.41）

8. 草皮沙发

草皮沙发放置在公园中，既能绿化，又能让人休息，还是一大景观，创意很好。(图 1.2.42)

9. 发光的插头

让插头发光，既能提醒人们及时拔掉插头，以防发生安全问题，还能使人们养成良好的用电习惯。(图 1.2.43)

图 1.2.43

图 1.2.42

10. 人形插座

插座上插孔的位置靠得太近，使用时就会很不方便，这个创意把插孔做成了人的四肢状，插孔之间离得很远，因此可以互不干扰地插入插头。（图 1.2.44）

11. 反置插座

插座上的插头很多时，非常凌乱，也不安全。反置插座把插孔反置、归并成排，把线也梳理在一起，放在桌面上既美观又安全。（图 1.2.45）

图 1.2.44

图 1.2.45

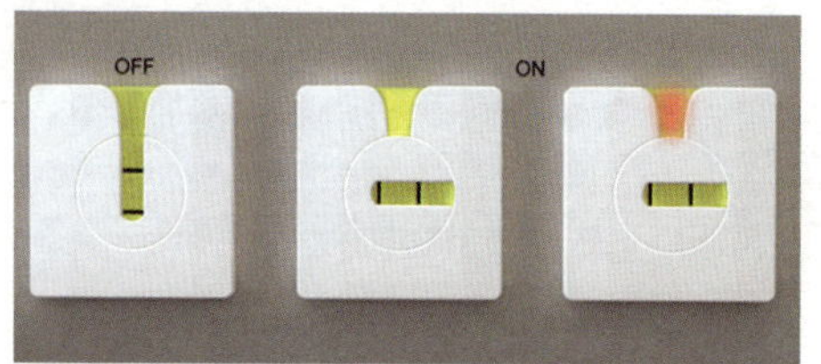

图 1.2.46

图 1.2.48

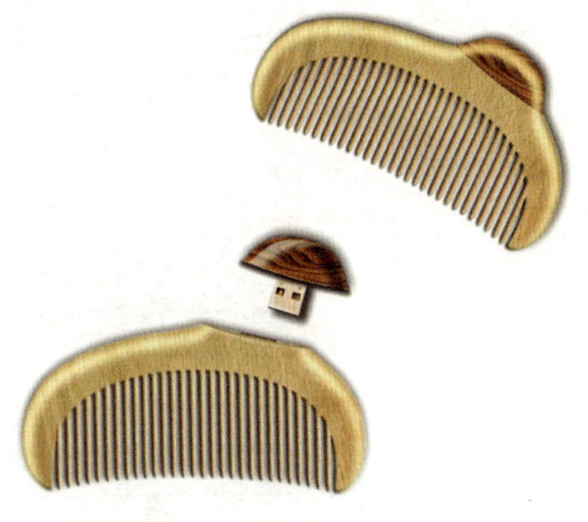

图 1.2.47

图 1.2.49

12. 安全插座

这种插座，把插头插上也不会加电，只有插上插头后顺时针旋转 90°，开关才打开，才会加电。用完后，再逆时针旋转 90°，开关就会断开，这时也没有必要拔下插头，因为比较安全。(图 1.2.46)

13. 梳子 U 盘

梳子柄上加上 U 盘，这样既可做 U 盘使用，也可做梳子使用。女同学可能很喜欢这种创意，因为既能梳头又能存储资料，并且拥有了携带梳子的理由。(图 1.2.47)

14. 跳绳手提袋

这个创意巧妙地利用手提袋的结构设计了跳绳的图案，令人印象深刻。(图 1.2.48，图 1.2.49)

图 1.2.50

15. 能逃生的飞机

把飞机的客舱设计成分离式的，当飞机遇到危险时，客舱可以和引擎分离，再借助降落伞、气垫、反冲气泵等使客舱安全着陆，杜绝了航空死亡事故的发生。(图 1.2.50，图 1.2.51)

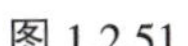

图 1.2.51

16. 煮蛋器

这个创意非常简单，也非常巧妙，符合现代人的生活习惯。年轻的单身一族想吃个荷包蛋时，使用这种煮蛋器，既方便，又卫生，也符合现代人“分餐”的理念。(图 1.2.52，图 1.2.53)

图 1.2.52

图 1.2.53

图 1.2.54

图 1.2.55

17. 蛋糕订书机

这个创意既夺人眼球，又让人垂涎欲滴。(图 1.2.54)

18. 手型肥皂

把肥皂设计成手的造型，可能让不愿洗手的儿童爱不释手，养成爱洗手的好习惯。(图 1.2.55)

通过以上日常生活中的优秀创意作品，可以说明：事事可创新，人人可创新，处处可创新。

讨论总结

寻找自己的创意灵感，书写自己的创意作品，展开交流。每个同学构思、书写自己的创意，并在组内展开交流，每组选出较好的创意，在班内交流。

第三节
快速绘制创意图

阅读导航：

1. 图形、图像的特点是什么？再造想象和什么有关？

2. 基本图形有哪些？如何把复杂图形拆分为基本图形？

3. 利用哪些绘图原则把平面图形绘制成立体信息？

科技创新是一门综合运用多种学科的实践活动，如力学、热学、电学、逻辑学、设计学等。当然，好的创意也需要一份清楚明了的图纸向外界传递设计意图。图形是世界通用语言，然而要想把脑海中的创意完美地通过图形表达出来，不是一件容易的事情，需要一定的知识和技巧。

我们先做一个活动：请根据下面的文字描述，用图形把孙卓的头像画出来。

我的小伙伴孙卓

她有着黑黑的皮肤，一张瓜子脸。黑黑的眉毛下有一双明亮的眼睛。厚厚的嘴唇。长长的头发，梳着一个马尾辫。她的门牙长得很大，跟兔子的牙似的。

通过展示活动成果可以看出，虽然是同样的文字描述，但每个人画出来的图形是不一样的。通过上面的活动实践，我们可以得到下面的启示。

1. 同样的文字在不同的人脑中形成的表象不同。把文字描述在头脑中形成表象的过程叫再造想象。再造想象和个人过去的经验有关，所以形成的表象带有鲜明的个性，每个人都不会相同。

2. 脑中的表象，用图形准确地表达出来，也是不容易的，即表象的表达需要技巧，这就需要我们掌握一些绘图的原则和方法。

下面，我们将从图形的几何分解、平面和立体空间讲解如何画出清晰、明确的创意图。

一、图形的几何分解

现实中一匹真实的马，对于没有经过绘画训练的人来说，很难把握它的形体，但我们如果将较为复杂的图形转换为我们熟知的几何图形来表达的话，就比较好把握其形体了，如图 1.3.1 所示。

图 1.3.1　一匹真实的马和由几何图形组合的马

任何复杂的图形都是由简单的图形组成的，我们可以先把复杂的图形整体分解成简单的图形，再把简单的图形绘制好按照原来的位置放回去，然后继续把每一个复杂的局部细分为简单图形，直到每个细节都能表达出来为止。

常见的几何形体有：

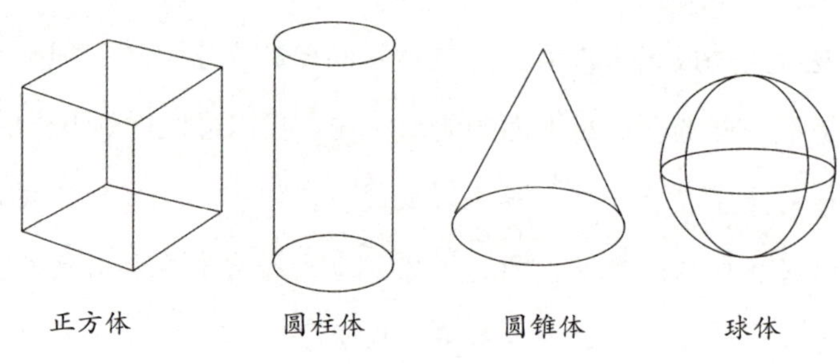

图 1.3.2

比如绘制图 1.3.3 的蒙古包时，我们可以把蒙古包分成一个圆柱体和一个圆锥体，然后再继续细化局部的门。

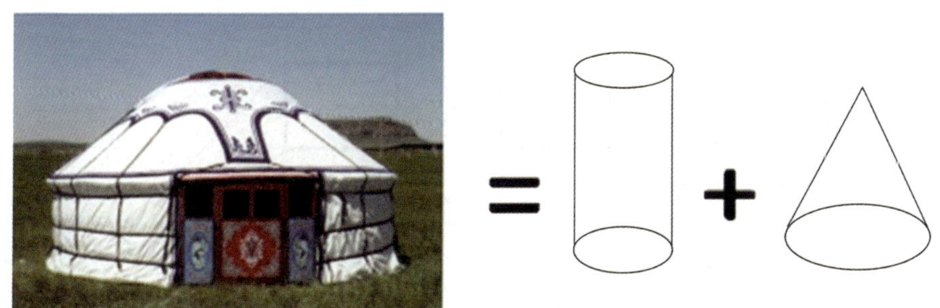

图 1.3.3　蒙古包可以分解的几何形体为圆柱体和圆锥体

我们要绘制图 1.3.4 的相机时，首先把它分为一个长方体和一个圆柱体，然后再细化长方体的局部和圆柱体的局部。

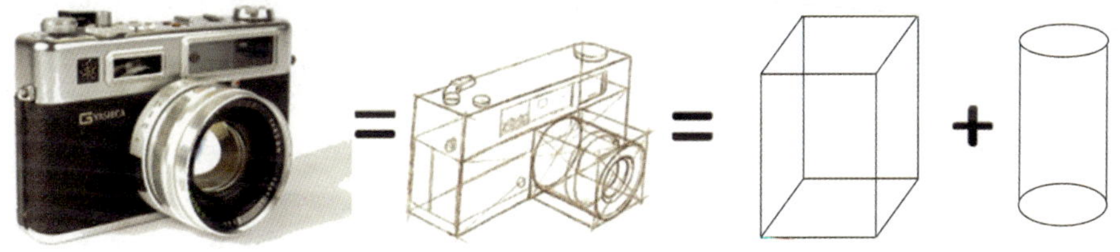

图 1.3.4　照相机可以分解的几何形体为长方体和圆柱体

在表达设计图样而图样又较为复杂时，我们首先要用几何形体及其组合概括表达实际物体。

二、三视图的表现方法

1. 三视图的形成与投影规律

在机械制图中，通常假设人的视线为一组平行的且垂直于投影面的投影线，这样在投影面上所得到的正投影称为视图。

一般情况下，一个视图不能确定物体的形状。如图 1.3.5 所示，两个形状不同的物体，它们在投影面上的投影都相同。因此，要反映物体的完整形状，必须增加由不同投影方向所得到的几个视图，互相补充，才能将物体表达清楚，工程上常用的是三视图。

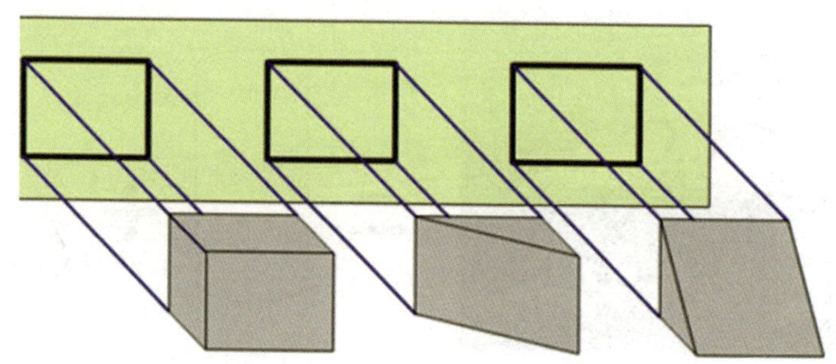

图 1.3.5　一个视图不能确定物体的形状

2. 三视图的形成

将物体放在三投影面体系中，物体的位置处在人与投影面之间，然后将物体对各个投影面进行投影，得到三个视图，这样才能把物体的长、宽、高三个方向，上、下、左、右、前、后六个方位的形状表达出来，如图 1.3.6 所示。

三个视图分别为：

主视图：从前往后进行投影，在正立投影面（V 面）上所得到的视图。

俯视图：从上往下进行投影，在水平投影面（H 面）上所得到的视图。

左视图：从左往右进行投影，在侧立投影面（W 面）上所得到的视图。

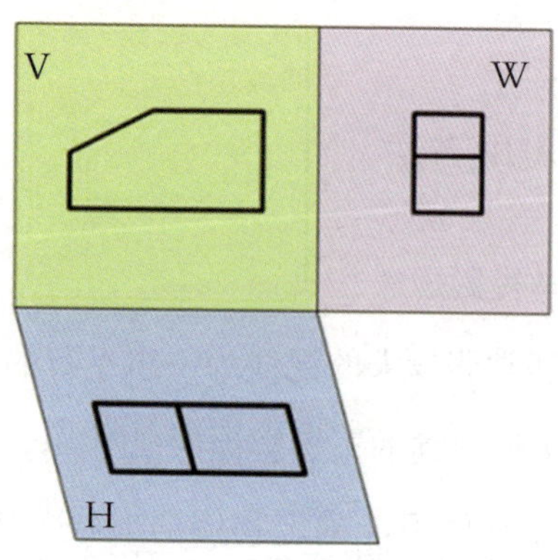

图 1.3.6　三视图的形成与展开

3. 三视图与物体方位的对应关系

物体有长、宽、高三个方向的尺寸，有上、下、左、右、前、后六个方位的关系，六个方位在三视图中的对应关系如图 1.3.7 所示。

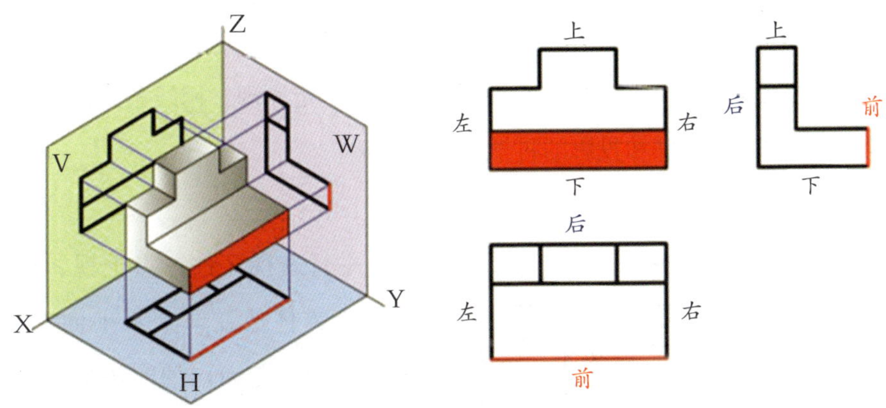

图 1.3.7　三视图的方位关系

主视图反映了物体的上、下、左、右四个方位的关系；

俯视图反映了物体的前、后、左、右四个方位的关系；

左视图反映了物体的上、下、前、后四个方位的关系。

假如你要表现的物体用一个面就能表达清楚，也可以只画最关键的那个面，如图 1.3.8 所示。

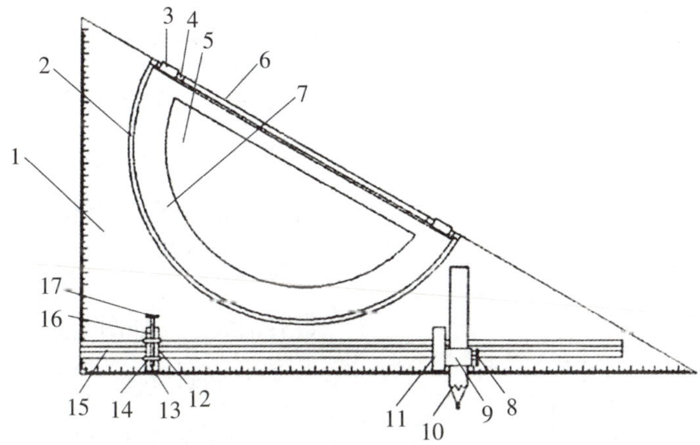

图 1.3.8　一个多功能三角尺的平面图

三、透视图的表现方法

透视图是表现立体空间的绘画术语。最初研究透视时采取的是通过一块透明的平面去看景物的方法：将所见景物准确描画在这块平面上，即成该景物的透视图。后来，将在平面画幅上根据一定原理，用线条来显示物体的空间位置、轮廓和投影的科学称为透视学。

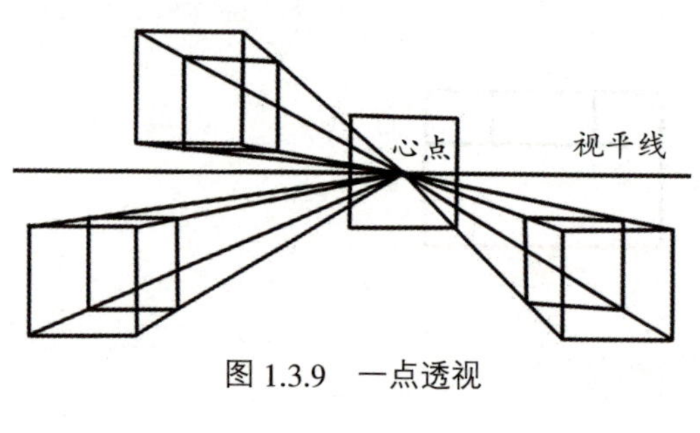

图 1.3.9　一点透视

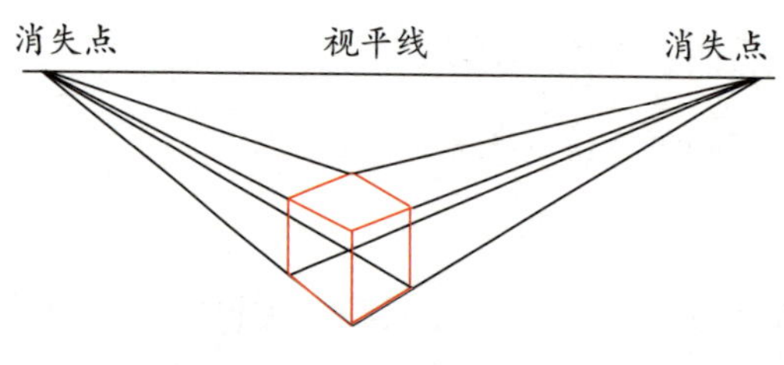

图 1.3.10　两点透视

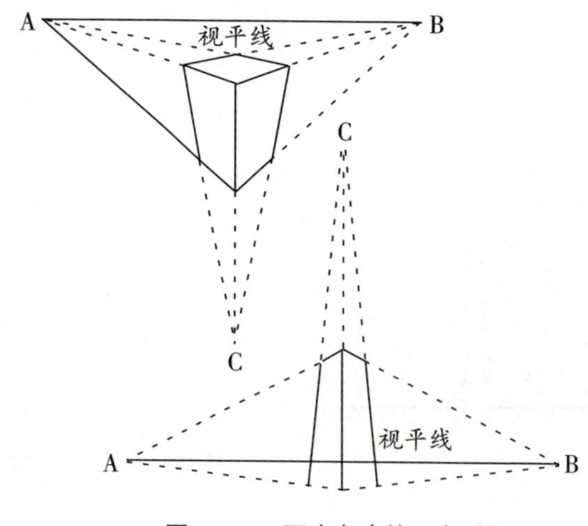

图 1.3.11　两个角度的三点透视

1. 平行透视

平行透视又称一点透视，就是说立方体放在一个水平面上，前方的面（正面）的四边形分别与画纸四边平行时，上部朝纵深的平行直线与眼睛的高度一致，消失成为一点，而正面则为正方形。如图 1.3.9 所示。

2. 成角透视

成角透视又称二点透视，就是把立方体画到画面上，立方体的四个面相对于画面倾斜成一定角度时，往纵深平行的直线产生了两个消失点。在这种情况下，与上下两个水平面相垂直的平行线也产生了长度的缩小，但是不带有消失点。如图 1.3.10 所示。

3. 倾斜透视

倾斜透视又称三点透视，就是立方体相对于画面，其面及棱

线都不平行时，面的边线可以延伸为三个消失点，利用俯视或仰视等方式去看立方体就会形成三点透视。如图 1.3.11 所示，图中的 A、B、C 三点为消失点。

四、立体视图的原则

1. 近大远小的原则

我们在看一个物体时，根据经验可以知道，近处的物体看到的大，远处的物体看到的小。同样，我们在图纸上表达一个物体时，也遵循近大远小的原则，这样我们就能知道平面图画上哪些物体离我们远、哪些物体离我们近。把平面上的图像在我们脑海中形成立体图形，如图 1.3.12 和图 1.3.13 所示，根据经验我们知道左面图中的铁轨是平行的，但是我们画成了铁轨相交，因为我们在看铁轨时，呈现在我们眼中的景象是：近处的铁轨距离宽，远处的铁轨距离窄。所以，我们绘图时也得遵循这个原则。右

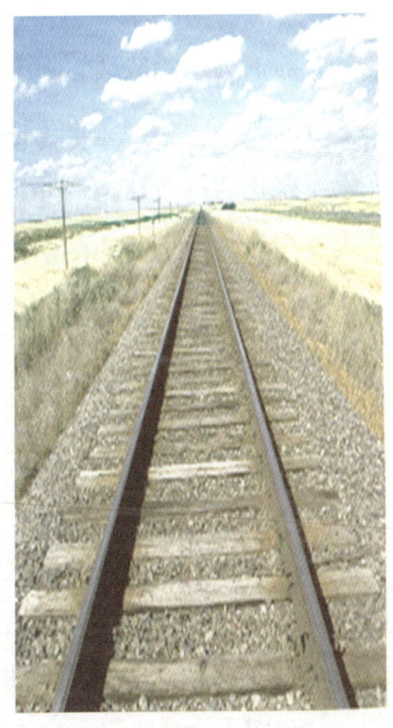

图 1.3.12

图 1.3.13

图中的道路也是一样的道理，如果我们把路画的一样宽，就不是我们眼中看到的真实景象了。

我们以长方体的两点透视图的绘制过程为例，来体验近大远小的绘图方法。

(1) 先画出长方体离观察者最近的那条棱边，其长度按比例确定，这是透视图中唯一按比例画出的线条。如图 1.3.14 所示。

(2) 在棱边上方、纸的边缘画一条直线作为视平线。如图 1.3.15 所示。

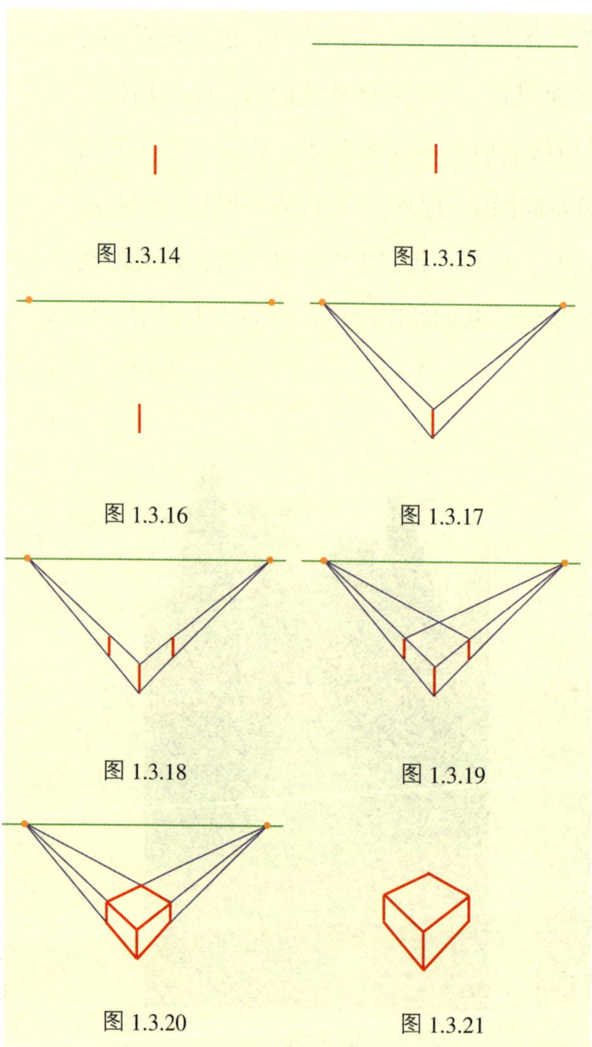
图 1.3.14　图 1.3.15
图 1.3.16　图 1.3.17
图 1.3.18　图 1.3.19
图 1.3.20　图 1.3.21

(3) 在视平线的两头取两个点，这两个点称为消失点。如图 1.3.16 所示。

(4) 从棱边的两端点分别向两个消失点连线。如图 1.3.17 所示。

(5) 画出与基准棱边相邻的另两条棱边，其长度要以画在连线内为准，其距离要比实际按比例的距离缩短一点。如图 1.3.18 所示。

(6) 从这两条棱边的端点也分别向两消失点做连线。如图 1.3.19 所示。

(7) 沿着连线画出长方体其余可见棱边，如图 1.3.20 所示。

(8) 去掉所有辅助线，如图 1.3.21 所示。

长方体的两点透视图就画成了，且遵循近大远小的原则。

2. 遮挡关系

看图 1.3.22，根据经验我们知道，后面被遮挡的鹿离我们比较远，前面没有被遮挡的鹿离我们比较近，这就是现实经验中判断距离远近的重要线索。

图 1.3.22

我们在绘制创意图时，也要遵循这个原则，后方被遮挡的线条不要画，或者画虚线。例如下图 1.3.23：我们根据经验就会判断出，没有画出的线条被遮挡了，在物体的后方，离我们较远。

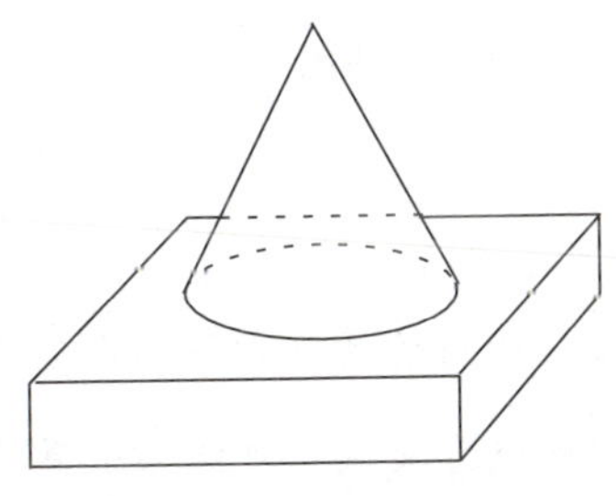

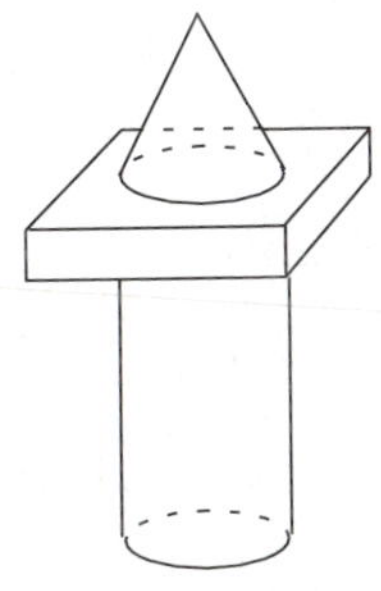

图 1.3.23

五、图纸的内容

正规的图纸包括三视图和透视效果图，严格要求的三视图还带有尺寸和比例，如图 1.3.24 所示。我们对创意物体进行绘图时，主要是达到在专利证书上能够明确表达意图即可，所以可根据自己所设计物体的实际情况绘制。下图中右下角的是效果图，其他三幅是三视图。

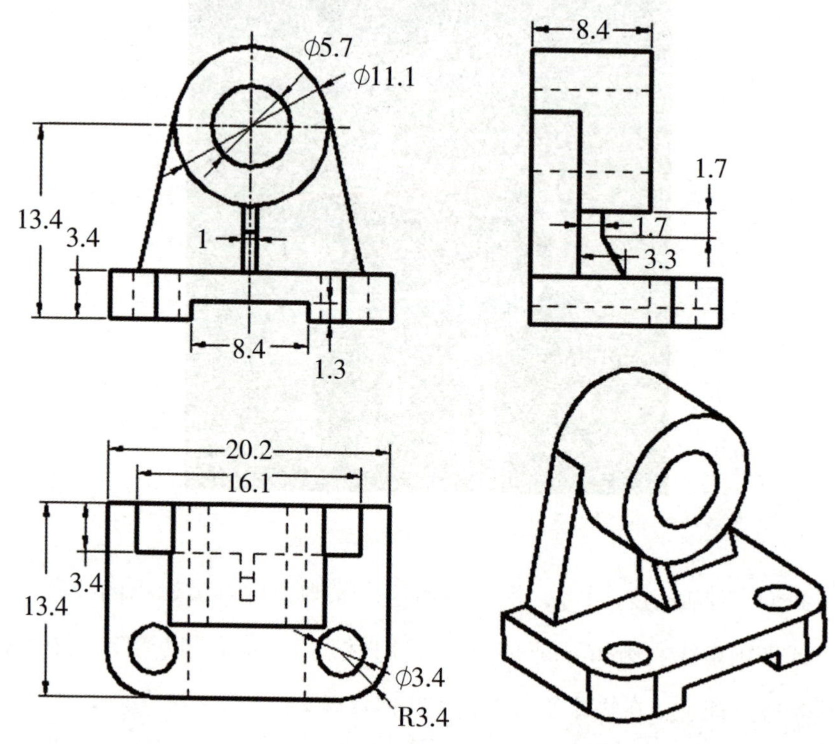

图 1.3.24　图纸＝三视图＋效果图

讨论总结

根据本节介绍的绘图知识和方法，把自己的创意作品在创意纸上规范、清晰、准确地画出来，并在组内展开交流。每组选出最好的绘图，在班内交流。

第二章 开启创造性思维

白菜与萝卜的故事

一群人想在一块土地上种菜。一部分人喜欢吃萝卜，于是希望在这块地上都种上萝卜；另一部分人喜欢吃白菜，于是希望在这块地上都种上白菜。那么，请同学们想一个能同时满足这两部分人愿望的解决方案。

进行科技创新，思维方式是很重要的。科技创新思维讲求缜密性和前瞻性，还要借助于一些科学的思维方法。掌握一些行之有效的创新思维模式，可以使我们找准研究的方向，在面对难题时设法寻求解决之道，最大限度地发挥自己的优势，扬长避短，取得优异成果。

第一节
大脑与思维

阅读导航：

1. 通过了解大脑的思维工作机理，掌握思维的方法，了解思维的特点。

2. 通过思维联系，掌握捕捉创新型思维的方法。

3. 通过学习思维的特点和大脑的相关知识，树立科学的思维观。

进行创造、创新活动的生理因素主要在人脑。人脑是心理活动的高级中枢，也是进行创造、创新活动的高级中枢，是统帅人体一切的总司令部。已取得的研究结果表明，人脑的突触、网状结构、胼胝体等在创造、创新活动中都起着重要的作用。

一、突触及突触传递

突触是神经细胞联系的机构，是传递信息的机构，是把无数神经细胞的活动加以整合的机构。突触与每一个心理活动息息相关，其变化是用进、废退。

创新思维的实质是信息的巧妙结合。创新思维就是头脑中种种暂时联系形成的新的接通。大量的信息和知识、经验是创新思维的基础。

创新思维的本质特征是高度的新颖性，即无论是产生的设想，还是在创新活动中采取的方法、形成的成果，都是前所未有的。这就要求创新者必须思路开阔、灵活，否则即使有大量知识，但思路狭窄、头脑顽固也难以产生新观念。

突触为创新思维能力两翼的丰满提供了物质基础。这是因为，人的大脑约有 140 亿个神经元，每个神经元上有成千上万个突触，使大脑皮层形成了极为复杂的网络系统。它可以储存大量信息，正是因为有突触传递，才使来自外界的刺激转化为人的知识，形成了思想观念，从而有了创新思维。突触有自发变动的功能，这种功能有助于创新思维。通过外界刺激，突触会发生变化。首先，外界刺激使神经末梢肥大，突触也变大，因而与相邻的下一个神经元接触的面积就增大，这样神经冲动到达下一个神经元的影响就相应地增大，人们就容易温故知新、举一反三。其次，外界刺激使神经末梢分支，末梢数量增加，突触的数量增加，这样可以和更多的神经元联系，传递的信息量大。

二、 网状结构在创新中的作用

从网状结构出发，上行到大脑皮层，叫作上行系统；下行到脊髓前角的纤维，叫作下行系统。网状结构依靠上行、下行和中枢神经系统的各部分，发生双向联系，主要表现在三个方面：调节内脏作用，包括呼吸和心血管机能；调节肌牵张反射和脊髓反射；维持大脑的兴奋水平，使之保持觉醒状态或睡眠状态，也参与感觉意识活动，即非特异传入系统，又称为网状激活系统。

创新思维是意识和无意识高度统一的产物。人类的整个创新活动，总是具有一定的目的。即使有时人们注意的重心暂时背离初衷，但人们实践的目的性仍在起着支配作用。因此，从整体上来说，整个过程由意识控制着。而意识的控制作用必须以意识的激活、觉醒为前提；意识的激活、觉醒又与脑干网状结构有关，所以网状结构在创新活动中具有重要作用。

三、大脑两半球的功能

大脑是脑的高级部位，是心理活动的主要器官，由通过胼胝体相连的左右两个半球组成。大脑两半球的功能具有不对称性。

大脑两半球的功能

左半球（控制人体右侧）	右半球（控制人体左侧）
说话、阅读、书写	图形化、知觉、理解整体、铭记
理论、分析、联想、抽象、判断、数学解题、推理	类比、类似性认识、直觉、调查、视觉记忆、几何图形识别
规范性、时间管理、分析思维	综合、空间知觉、直观的
语言记忆、知觉细节	非语言的、音乐的
译之为语言描述	情绪感觉、处理瞬间问题
辨认熟人	辨认生人
串行的、收敛性的、因果式的思考方式，循序渐进	并行的、空间的、发散性的、非因果式的思考方式
理性的脑	感性的脑

右脑所获得的形象、直觉对整体的感知等，是产生创新设想的源泉。可以这样说，迄今为止的主要科学发现，都是首先来自直觉，即便是科学发达的今天，也仍然是直觉起主导作用。当然开发人的创新思维能力，不仅需要充分地开发右脑的功能，也需要左脑的配合，否则创新思维能力的开发也不能实现。

四、给思维安装触发器

潜意识对人体起着重要的作用，一天 24 小时不间断地影响着人体。晚上，人们做梦由潜意识控制；白天，意识清醒时，潜意识可以控制人的很多本能，比如自动规避危险的动作等。同时，潜意识还有修复人们记忆的功能，人所经历的所有事情都以记忆的形式存储在人脑中，当一件事情需要记忆时，突触就会相互接触，人脑会分泌一种物质把这种接触包裹起来，形成一个固定的连接，需要记忆的信息就在这个连接中。这个记忆每重复一次，物质就把这个连接包裹一次，因此重复的次数越多，连接越

粗，记忆就越深刻，能被回忆起来的可能性就越大。这是因为，在神经之间传递的是电信号，连接越粗，电阻越小，越容易通过电信号，当电信号通过时，记忆就会被唤起。如果连接很细，电阻就很大，电流通过的可能性就很小，就很难被回忆起，也就是我们说的忘记，甚至一辈子电流不通过这个连接，这个记忆就永远不会被回忆起。

如果是一个细的连接，能否强制性地驱动电流通过它，使记忆被唤起呢？可以，通过催眠术就可以做到，比如我们忘记了某个场景，可以让催眠师催眠，在催眠师的提示下，忘记的记忆被唤起。催眠利用的是人脑的潜意识，潜意识的能量不容小觑，虽然很多机理我们还没有搞明白。利用催眠术修复某个记忆的方法从科学上可行，但在现实生活中不好操作，因为不能每件事情都催眠，况且真正的催眠师很少，也不好找。催眠术也不是能够随意做的，得需要严格的程序和条件。有没有一个简单可行的办法，可以达到同样修复记忆的效果呢？可以，那就是学会给自己的思维安装一个触发器。

如何给自己的思维安装一个触发器呢？那就是利用纸和笔。我们有一个好的想法产生或者一件事情需要记忆时，如果以后不想忘记，还想再回忆起来，就拿起笔在纸上用一句话（10个字左右）记下来，给这个记忆打一个标签。当我们以后忘记时，只要拿出这个标签，你就会发现，这个标签就是个触发器，它能马上让电流通过那个连接，记忆就被回忆起来。也就是说，我们通过纸和笔的外界刺激的方式，让能量通过连接，使我们的记忆被唤起。这个办法简单有效，容易操作。

五、创新思维的展现形式

创新思维是指对事物间的联系进行前所未有的思考，从而创造出新事物的思维方法，是一切具有崭新内容的思维形式的总和。

比如我们在本章开头所讲的《白菜与萝卜的故事》，很多同学的解决方案是想把地一劈两半，一半种白菜，一半种萝卜；有的同学想到套种的方法；也有的同学想分时间来种等。但这些办法都不能从根本上解决问题。有很少一部分同学能想到创新性的解法：通过嫁接或者转基因等其他生物手段，发明一种新的生物，这个生物地面上长的是白菜，地面下长的是萝卜。这个方法就能很完美地解决这个问题：白菜我们吃的是地上的部分，萝卜我们吃的是地下的部分，如果两者结合，土地就能被充分利用。

可能很多同学认为这个解决方案有点异想天开，但异想天开在科学上有很重要的意义。例如：2009 年诺贝尔物理学奖得主高锟于 1966 年提出了用玻璃代替铜线的大胆设想，利用玻璃清澈、透明的性质，使用光来传送信号。他当时的出发点是想改善传统的通信系统，使它传输的信息量更多、速度更快。对于这个设想，许多人觉得匪夷所思，认为高锟是异想天开，甚至认为高锟神经有问题。但是高锟把他这个异想天开的想法用论文的形式书写下来，并发表了出去。今天，我们的通信全部都使用了光缆，高锟异想天开的想法实现了，所以他能获得诺贝尔奖。由此可以看出，对任何一种奇思异想都不要嘲笑，现代科技日新月异，今天的奇思异想可能就是明天的现实。不能小瞧自己任何一种异想天开的想法，一定要把它记录下来，发表出来，如果未来某天实现了，即使不是你自己发明出来的，诺贝尔奖也会颁给你，因为诺贝尔奖只奖励原创。把你的奇思异想大胆地说出来吧，成功就在前方等着你。

了解了大脑的工作机理，也学会了如何抓住自己的创造性思维，有的同学可能就会问了，我什么时候能产生创造性思维呢？下面就介绍一下思维的特点。

我们从早晨醒来，到晚上睡觉，在这一天当中，我们的思维一般会有一个思维最佳期。在思维最佳期，我们的思维很活跃，精力很集中，逻辑性思维最强，这个时候无论做理科题目还是背诵文科知识，都能达到最高的效率，这个时候学习自己感到最困难的学科，效果最好。这个思维最佳

期一般会持续 2~3 个小时，每个人都有，但是出现的时间因人而异，有的人是早晨出现，有的人是中午出现，有的人则是晚上出现。

思维除了这个最佳期之外，大部分时间并不是最佳期，有时候是处于做白日梦的时期。所谓做白日梦，就是精力很不集中，思维很发散，天马行空地乱想，不受意识的控制。很多人在上课、工作时开小差，就处于这个状态，这是备受老师、领导批评的状态。但是科学研究表明，经常做白日梦可以提高记忆力，这是因为这时生物电流经更多的神经记忆连接，让一些神经连接被回忆起，发展得更均衡，可以产生更多的连接。说点题外话，应该让老年人多做一些白日梦，因为人老了，经常会得阿尔茨海默病，阿尔茨海默病就是记忆力衰退、大脑萎缩造成的，所以建议老年人没事的时候，搬个板凳坐在太阳底下，边晒太阳边做白日梦。晒太阳可以补钙，做白日梦可以提高记忆力、延缓大脑衰老。

不但老年人要经常做白日梦，年轻人更要学会做白日梦，不仅仅因为做白日梦能够提高记忆力，更主要的是很多好的创新思维都经常出现在做白日梦的时候。但是白日梦不能白做，想做白日梦时，就在自己的面前放上一张纸、一支笔。当有了好的思维，应该马上记下来，给自己的这个思维安一个触发器，以防以后遗忘。

联想分为自由联想（被动联想）和强制联想（主动联想）。白日梦这种思维状态，实际上就是科学上的自由联想。自由联想是不受拘束地随意联想，主要受潜意识的影响控制，能不能产生创造性的思想，有时候要凭运气，效率较低，在发明创造中所起的作用不是太大。强制联想是有意识地限制联想的主题和方向，主要是受人的意识控制的联想，效率较高，在发明中经常起作用的是强制联想。

下面介绍一种强制联想方法——焦点法。焦点法就是把任务当作焦点，然后发散开来，最后再回到焦点，即先发散后收敛的方法。焦点法的操作步骤如下：

① 确定发明目标 A，如要发明帽子。

② 随意挑选与帽子风马牛不相及的事物 B 做刺激物，如挑选灯泡。

③ 列举事物 B（灯泡）的一切属性。

④ 以 A 为焦点，强制性地把 B 的所有属性与 A 联系起来产生强制联想。如图 2.1.1 所示。

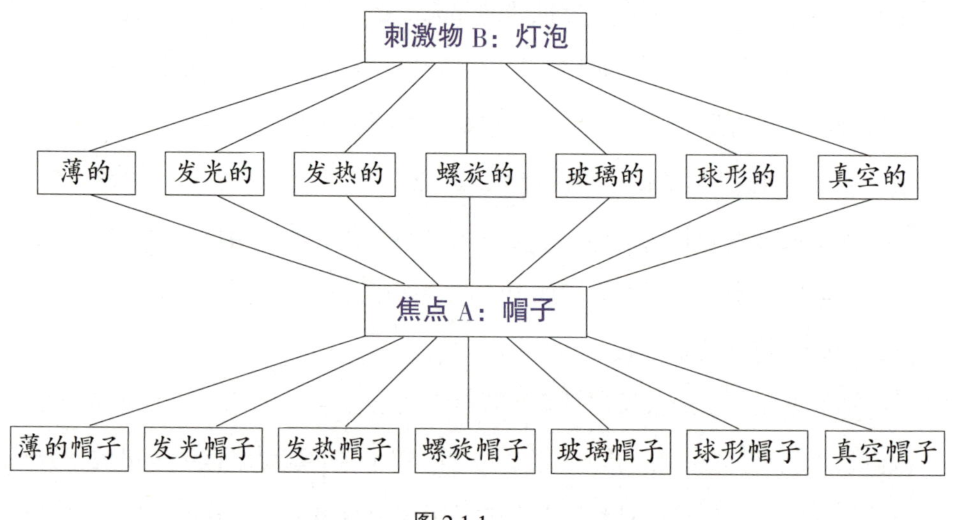

图 2.1.1

如果通过研究刺激物 B——灯泡不能找到好的方案，可以更换它，比如把灯泡换成话筒、椅子、投影仪等，直到找到满意的方案为止。如图 2.1.2 所示。

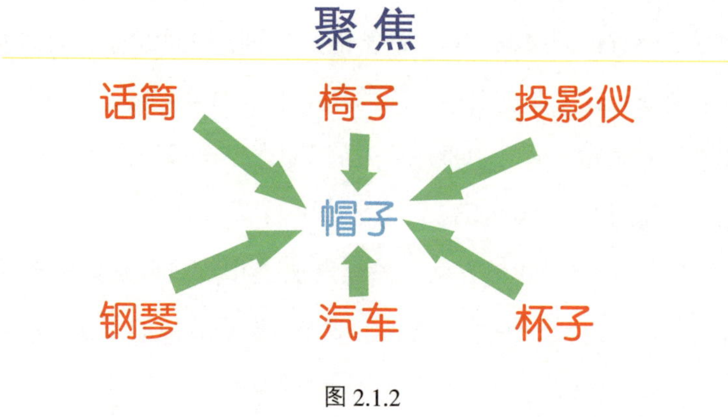

图 2.1.2

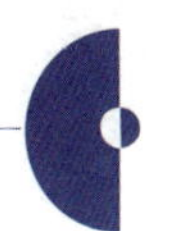

利用焦点法可以任意地发明物体，不断发散，不断收敛，直到把问题解决为止。在列举物体的属性时，可以从物体的大小、颜色、形状、重量、材质、温度、结构等方面考虑。

六、创新思维产生的条件

也许有些同学认为自己的知识储备不够，无法产生创新思维，下面给大家讲个故事。

科莱特的逻辑

1973年，美国利物浦市一个叫科莱特的青年，考入了美国哈佛大学，常和他坐在一起听课的是一位18岁的美国小伙子。大学二年级那年，这位小伙子和科莱特商议，一起退学，去开发32bit（32位操作系统）财务软件。因为新编教科书中，已解决了进位制路径转换的问题。当时，科莱特感到非常惊诧，因为他认为自己是来求学的，不是来闹着玩的。再说对于bit系统，他们才学了点皮毛，要开发32bit财务软件，不学完大学的全部课程是不可能的，于是他委婉地拒绝了那位小伙子的邀请。10年后，科莱特成为哈佛大学计算机系bit方面的博士研究生；那位退学的小伙子也是在这一年，进入美国《福布斯》杂志亿万富豪排行榜。又过了近10年，科莱特继续博士后的学习；而那位美国小伙子的个人资产则在这一年达到了65亿美元，成为美国第二富豪。1995年，科莱特认为自己已具备了足够的学识，可以研究和开发32bit财务软件了；而那位小伙子则已经绕过bit系统，开发出了eip财务软件，它比bit快1500倍，并且在两周内占领了全球市场，这一年他成了世界首富，他就是名字已经传遍全球每个角落、成为成功象征的比尔·盖茨。

如果你是科莱特，你会接受比尔·盖茨的邀请吗?

按照我们惯常的逻辑思维，只有具备了精深的专业知识才能创业。当然，必要的知识储备还是创造的基石，然而，人类创造史表明：先有精深的专业知识才从事创造的人并不多，不少成就一番事业的人，都是在知识不多时，就直接对准了目标，将知识和能力结合起来，开始创造、发明。

大家所熟知的一个例子是爱迪生考助手的故事：阿普顿是普林斯顿大学的高才生，毕业后被安排在爱迪生身边工作，对爱迪生很不以为然，常常露出一种讥讽的神态。一次，爱迪生对阿普顿说："请你帮我把那只梨形玻璃泡的容积算一下，我等着用。"阿普顿拿起梨形玻璃泡，用尺上下量了几遍，再按照式样在纸上画好草图，列出了一道算式，算来算去，四个多小时过去了，还是没有计算出来。爱迪生见阿普顿一脸窘相，身边几张十六开的白纸上，密密麻麻地列满了算式，但还没有得出答案，便拍拍阿普顿的肩，笑了笑说："您这样计算太浪费时间了。"爱迪生拿起玻璃泡，将水倒进去，然后交给阿普顿说："您去把这里的水再倒进量杯，看看它的体积刻度，那就是咱们需要的答案。"阿普顿恍然大悟。

知识的多少不会对创造力起必然的决定性作用。知识多，创造力并不一定高；知识少，创造力并不一定低。创造力的大小取决于创造思维。

还有一个例子也可以说明这个问题。图 2.1.3 是一辆大家所熟知的公共汽车，在这种车的右前方经常会发生刮擦事故，原因就是右前方是司机的盲区，司机看不见，经常判断失误。如何解决这个问题？其中有一家公司找到了一位清华大学的光学博士来解决这个问题，这位博士有丰富的光学知识，就陷入了一种思维定式，老是利用光学知识设计各种后视镜，来解决这个问题，最后的效果都不是特别理想。某重汽公司的一位只具有初中文化的普通工人，也想了个办法，如图 2.1.4。在图 2.1.4 中，这位工人把 A 柱（A 柱是左前方和右前方连接车顶和前舱的连接柱）向前移了点，在车辆的右前方形成了一个透明的三角区域，这样一改，司机就直接看到了这个区域，因此问题得到了解决。

从上面的例子可以看出，最直接、最简单的方法，就是最好的方法。受各种知识框架的制约和思维定式的影响越少，越容易产生创新思维。

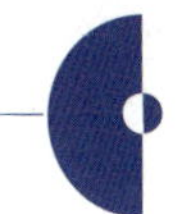

图 2.1.3

图 2.1.4

一切需要创新的活动都离不开思考，离不开创新思维，可以说，创新思维是一切创新活动的开始。创新思维是思维的高级形态，因此既有一般思维的基本性质，又有其自身特征。与常规思维相比，创新思维的最大特点在于它的流畅性、变通性和独创性，而这些特性的产生在于巧妙地发挥了人脑思维的潜能，特别是与右半脑的功能密切相关。凡是能想出新点子、创造出新事物、发现新路子的思维都属于创新思维。

讨论总结

通过小组合作实践“焦点法”，学会利用主动联想进行创新思维，捕捉发明作品的创意。

第二节
突破思维定式

阅读导航：

1. 什么是思维定式？思维定式有什么特点？

2. 如何突破思维定式的不利影响？发散思维的方法有哪些？

3. 如何利用发散性思维突破思维定式的唯一性？如何改变规则？如何突破概念？

我们先通过一组数学题来体验一下我们的思维有什么特点。

口算下列各题（一分钟）：

7 + 2 =　　8 ÷ 4 =　　6 + 5 =

8 ÷ 2 =　　6 +11 =　　20 − 10 =

7 + 7 =　　9 + 3 =　　5 × 2 =

8 − 4 =　　9 × 3 =　　2 + 2 =

8 ÷ 4 =　　6 + 6 =　　9 + 2 =

这些题非常简单，没有任何难度。下面我们再计算一遍，计算之前看好题目的要求。

口算下列各题（一分钟）：

+ 代表乘，− 代表除，÷ 代表加，× 代表减。

7 + 2 =　　8 ÷ 4 =　　6 + 5 =

8 ÷ 2 =　　6 + 11 =　　20 − 10 =

7 + 7 =　　9 + 3 =　　5 × 2 =

8 - 4 =　　9 × 3 =　　2 + 2 =

8 ÷ 4 =　　6 + 6 =　　9 + 2 =

算完之后，有什么感觉？前后这两组题目，哪组算得快？大家肯定都会说第一组算得快。请大家注意，这两组题目所有的符号都是一样的，只是把运算符号代表的意义改了一下，为什么第二组题目就算得慢了呢？因为我们从小就用大家所熟知的加减乘除来运算，在我们的头脑中已经把这些符号和加减乘除的运算规则做了牢牢的链接，不管在什么情况下看到这种符号，大脑都会不由自主地顺着原来的链接去运用运算规则，不假思索地来运算。但现在第二组题目中符号的意义变了，原来链接的运算规则不能再使用，必须退出原来的自动化的步骤，有意识地去寻找新的运算规则才能计算。多了转换寻找的步骤，思维的流畅性大大降低，所以速度慢了。这种现象就是我们常说的思维定式。

一、思维定式的特点

仅用先有的知识和过去的经验解决问题的思路，被称为思维定式。思维定式也称为习惯。在日常生活中，任何事物都有两面性，思维定式也不例外。思维定式有有利的一面，它能够帮助我们利用过去的经验快速地解决很多问题，比如在第一组口算题中，我们不假思索很快得到了答案。思维定式也有不利的一面，它会禁锢我们的思维，比如在第二组口算题中，只要符号的意义一改变，我们所熟知的运算会阻碍我们快速地运算。在发明创造中，我们要尽量减轻思维定式不利的一面。

我们再看一个例子：

生锈的锁和生锈的思维

一代魔术大师胡汀尼有一手绝活，无论多么复杂的锁，他都能在极短的时间内打开，从未失手。他曾为自己定下一个富有挑战性的目标：要在60分钟之内，从任何锁中挣脱出来，条件是让他穿着特制的衣服进去，并且不能有人在旁边观看。

英国一个小镇的居民决定向伟大的胡汀尼挑战，有意考验他。他们特别打制了一个坚固的铁牢，配上一把看上去非常复杂的锁，请胡汀尼来看看能否从铁牢中出去。

胡汀尼接受了这个挑战。他穿上特制的衣服，走进铁牢中，牢门“哐啷”一声关了起来，大家遵守规则转过身去不看他工作。胡汀尼从衣服中取出自己特制的工具，开始工作。30 分钟过去了，胡汀尼用耳朵紧贴着锁，专注地工作着；45 分钟过去了，一个小时过去了，胡汀尼头上开始冒汗。最后，两个小时过去了，胡汀尼始终听不到期待中的锁簧弹开的声音。他筋疲力尽地将身体靠在门上坐了下来，结果牢门却顺势而开。原来，牢门根本就没有上锁，那把看似生锈的锁只是个摆设而已。

为什么胡汀尼无法开锁？门上没有锁，自然也就无法开锁，但胡汀尼心中的门却上了锁。大师的失败在于他头脑中的思维定式。

思维定式不可避免，这是由我们大脑的工作原理决定的，人人都有思维定式。在日常生活中，有很多思维定式，我们来做个游戏体验一下：请把双手拿出来，举起来，两只手的十个手指张开，双手手指交叉抱在一起。这时，看一下，哪只手的大拇指在上面？有些人是左手的大拇指在上面，有些人是右手的大拇指在上面。下面我们再把两手分开，然后用大脑思考一下，有意识地改变一下规则重新做一次，新规则是：原来左手大拇指在上面的，这次让右手的大拇指在上面，原来右手大拇指在上面的，这次让左手的大拇指在上面，然后依次让双手的手指交叉抱在一起。感受一下，什么感觉？是不是感觉上面少了根手指头，下面多了根手指头，很不舒服？这种现象就是习惯。

从今天开始，每天用不舒服的方式抱手 100 次（记住，只能用不舒服的方式抱手，而不能用舒服的方式抱手），3 个月后，当你不假思索双手抱在一起时，你会发现原来不舒服的姿势变成了舒服的姿势，即你的习惯改变了。

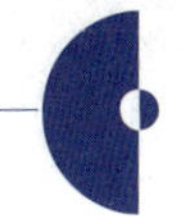

这当然是大脑决定的，一种信息反复刺激大脑，当达到一定程度时，就会形成一种定式，从而不由自主地做这件事。这实际上是大脑的神经突触之间建立了一种新的连接，且不断重复加粗，让生物电流通过新的连接，而不是旧的连接，习惯就改变了。当然，改变习惯也是非常困难的事情，必须付出原来10倍的努力才能取代原来的连接。

二、改变思维定式的方法

那如何有效地改变思维定式呢？或者说如何有效地建立多个新的连接呢？下面我们通过一个题目来体验一下：

8=？+？

对于这个问题，不同年龄阶段的人，给出的答案的个数是不同的。

三年级以下的同学可能只给出正整数形式的答案：

8=1+7　8=2+6　8=3+5　8=4+4　8=0+8

四年级以上的同学可能给出小数形式和分数形式的答案：

8=1.5+6.5　8=7.2+0.8　……

初中年级以上的同学还能给出负数形式的答案：

8=9+（-1）　8=20+（-12）　……

思维开阔的人还能给出表达式形式的答案：

8=2×3+2　8=88÷8+（-3）　……

这道题的答案有无数个，虽然答案有无数个，但让一个人具体回答时，不同的人给出的答案的数量是不同的，有的人回答的数量多，有的人回答的数量少。回答的数量就代表了这个人的思维发散程度：回答的数量越多，表明这个人的思维越发散，越容易找到解决问题的办法，越聪明。所以，我们应在日常学习和生活中多找几种不同的答案或解决问题的方法，这种思维方式称为发散思维。

三、发散思维的特点

从一个问题（信息）出发，突破原有的知识圈，充分发挥想象力，经不同途径、以不同角度去探索，重组眼前信息和记忆中的信息，产生新的信息，而最终使问题得到圆满解决的思维方法叫作发散思维。发散思维是对人们思维定式的一种突破，启发大家从尽可能多的角度去观察同一个问题。有人将发散思维比喻为一盘散沙在风中被吹散的样子，沙子沿不同的方向，向上、下、左、右、前、后弥漫散去，正是这种“弥漫散去”的效应，使作为思维主体的人在思维过程中可以不断寻找方向、变换视角、激活自身的创新思维能力。

发散思维有三个特点：

1. 流畅性

流畅性衡量思维发散的速度（单位时间的量），可以看作是发散思维“量”的指标，是基础，包括字词流畅性、图形流畅性、数字流畅性、观念流畅性、联想流畅性、表达流畅性等。

2. 变通性

变通性是发散思维的“质”的指标，表现了发散思维的灵活性，是思维发散的关键。

3. 独创性（或独特性）

独创性是发散思维的本质，表现发散思维的新奇成分，是思维发散的目的。

四、思维流畅性规律

高中阶段是人一生中创新思维最好的阶段，我们观察图 2.2.1，查找思维流畅性的发展规律。

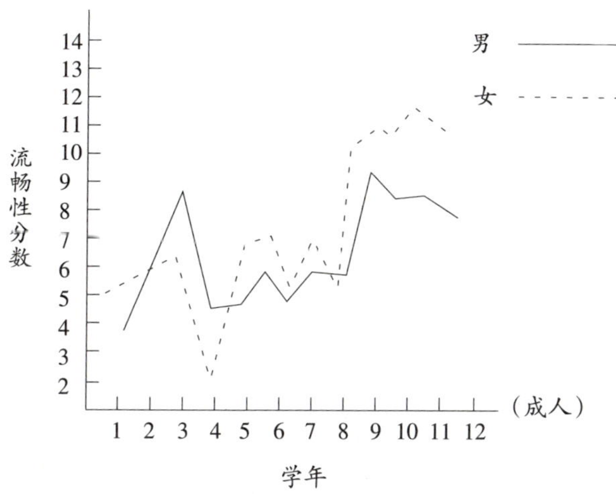

图 2.2.1　创造力发展曲线

一般来说，人的创造力发展进程中总共有四次突然下降或停滞的创造力低潮，依次为 5 岁、9 岁、13 岁和 17 岁以后。之所以会出现低潮，原因如下：5 岁之前的幼儿对自己刚来到的这个世界非常好奇，在探索自己接触到的各种事物，他的大脑也在快速地记忆这些事物。5 岁时，他所接触到的事物基本上都熟悉了，所以探索的兴趣会有所下降，思维的流畅性也会相应下降，这时建议家长多带孩子旅游，让孩子接触更多新奇的事物，保持好奇心，保持探索的精神，保持思维的流畅性。9 岁时，孩子的心理发生变化，不再像一、二年级那样勇于表现自己，而是特别在意伙伴的评价，从众心理开始抬头，行为、思想容易随大流，不再标新立异，所以思维的流畅性会下降。13 岁时，男孩、女孩都处于青春期，生理发生较大变化，情绪也会发生较大的波动，所以思维的流畅性会有所下降。17 岁以后，大量知识的学习及应试能力的大量训练，加上一些应试教育方法的弊端，导致思维定式加强，思维的流畅性逐步下降，这时如果不加以适当的发散思维训练，思维的流畅性不会再上升。所以，发散思维是突破思维定式的方法，也是以后能脱颖而出的关键。

五、发散思维的方法

1. 利用图形进行发散

图形发散是指以图形为思维对象的思维发散，可以以某一图形或图像为基本单元，进行不同的组合、变化，形成新的图案。例如“X”型牙刷，它就是把“一”字型牙刷进行了交叉组合形成的新的发明。“一”字型牙刷是我们经常用到的牙刷，这种牙刷刷牙的外面时，很容易刷干净，但是刷牙的里面一侧时，就不容易刷干净了。现在我们改变一下图形，让它变成“X”型，这时刷牙的外侧和里侧都一样方便，很容易就把牙的两侧刷干净了。如图 2.2.2 至图 2.2.4 所示。

图 2.2.2 “一”字型牙刷

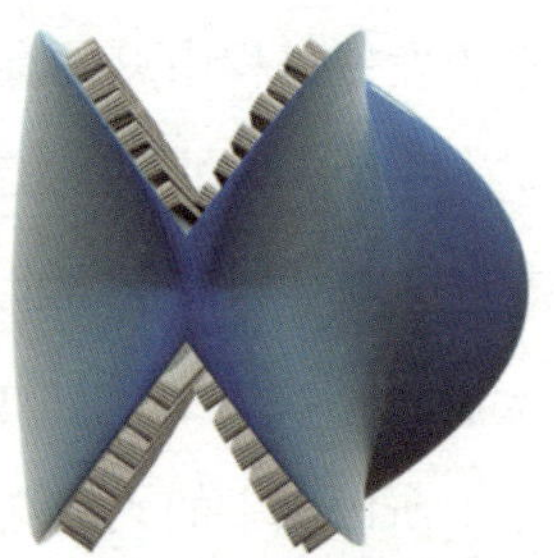
图 2.2.3 “X”型牙刷

图 2.2.4 内外两侧同时刷

这种视觉图形、图像的发散能力在广告设计、产品设计上是大有用武之地的，请看下面几个图形发散的产品。

(1) 圆圈插座。一般的插座都是带孔的，两个孔或三个孔（图 2.2.5）。图 2.2.6 中的插座没用孔，只有两个圆角方形圈，插头插在两个方形圈之间，就构成了回路，一个方形圈接火线，另一个方形圈接零线。这样设计后，插头的位置不再是固定的，一个插座可以插多个插头，提高了插座的利用率和方便性。

图 2.2.5　带孔插座

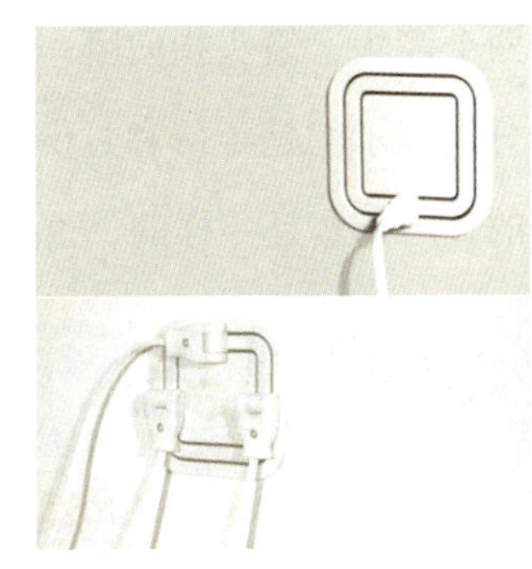
图 2.2.6　方形圈插座

(2) 旋转水杯。我们用一般的杯子（图 2.2.7）喝咖啡时，把咖啡粉放入杯子，向里面倒入热水后，要用勺子或者筷子搅拌一下，让咖啡完全溶解。用旋转的杯子喝咖啡时，只要把咖啡粉放入杯子，向里面倒入热水即可，不需搅拌，水就会在杯子里自动旋转，把咖啡快速溶解掉。原来，杯子的形状做成了螺旋形的（图 2.2.8），倒入水后，水沿着杯子的形状做螺旋运动，就把咖啡冲开了。

图 2.2.7　一般的杯子

2.2.8　螺旋形的杯子

(3) 滑动日历。一般的日历（图 2.2.9），每个月都有一张独立的表。图 2.2.10 所示的这个日历，只用一个可以滑动的表，就可以同时表达两年的每个月的日历，大大提高了日历的利用率，同时也揭示了日历之间的数学关系。蓝色的框能够在白色的框上边左右自如地滑动，蓝色框框起来的就是一个月的完整日历，至于表示哪个月的日历，关键看蓝色框最左边的上下两个箭头，箭头指向哪一年的哪个月，就表示哪个月的日历，白色框上下分别表示的是年份和月份。从这个日历表中我们也可以看到，有很多月份的日历其实是一样的，这也揭示了日历之间的数学关系。

图 2.2.9　普通日历

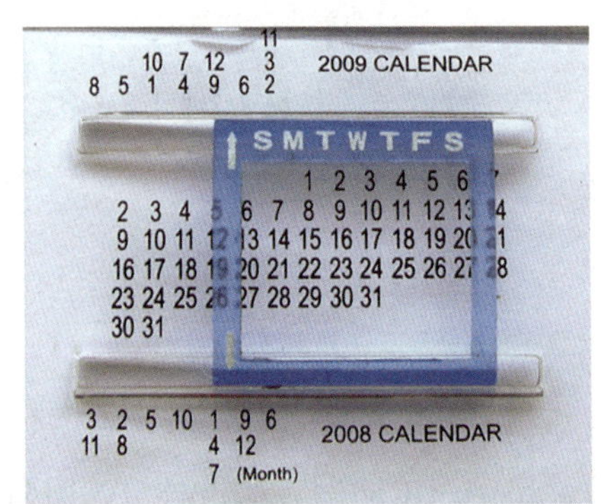

图 2.2.10　滑动日历

2. 利用词语进行发散

词语发散是发散思维训练的基本方法，有名词发散、动词发散、反义词发散、标题发散、情节发散等多种训练。词语发散在写作和广告语的设计中被经常使用。优秀的诗人和作家都是词语发散的大家，他们常能在许多意义相近的词语中，选择最贴切的一个。词语发散在发明中也非常有用。

让我们先玩个游戏：在 10 分钟内尽可能多地写出与开有关的动词。

拉开、打开、挫开、捅开、撬开、翻开、弹开、拔开、割开、揉开、冲开、砰开、砸开、推开、射开、点开、踩开、踏开、捏开、摆开、劈开、拧开、敲开、吹开、喊开、挣开、撕开、拿开、拦开、踢开……

当然，写词语不是目的，目的是在这些词语之间展开联想。每个动词可能对应某种事物的开启方式，那就思考能不能把用在这件事物上的开启方式应用到另外的事物上，这样展开联想和迁移。比如下面的啤酒瓶盖（图 2.2.11）怎么打开呢？肯定有很多种方式。易拉罐的瓶盖（图 2.2.12）如何打开呢？它们之间能不能产生联想呢？

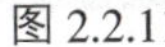
图 2.2.11

图 2.2.12

有位初中生就发明了一个免扳手酒瓶易拉盖，还在全国比赛中获了奖，如图 2.2.13 所示。

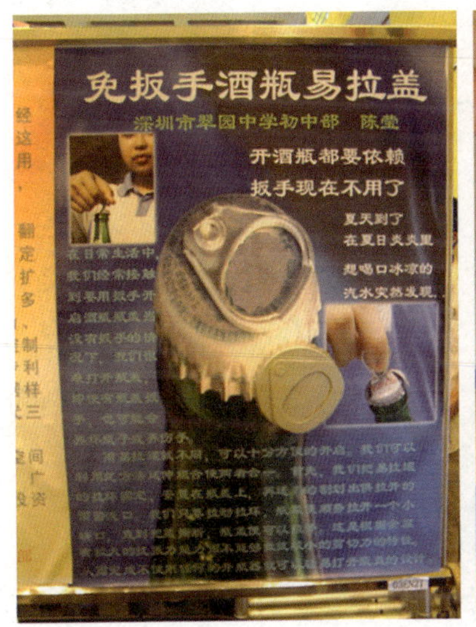

图 2.2.13

3. 进行用途发散

每个物体都有它本来固有的用途，如果我们把它的用途进行拓展就可以有很多的发明。

如果楼下着火了，住在二楼的人就会撕开窗帘，用它当绳子逃离。这种能发现窗帘所具有的潜在功能的能力就是用途的发散能力。

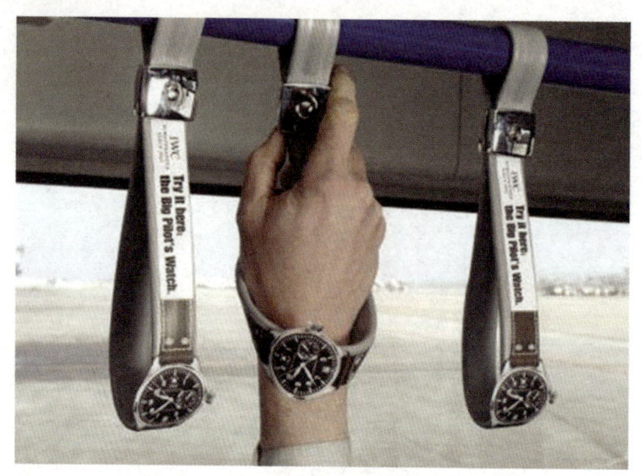

图 2.2.14　吊带手表

图 2.2.15　椅子马桶

图 2.2.16　窗户毛巾架

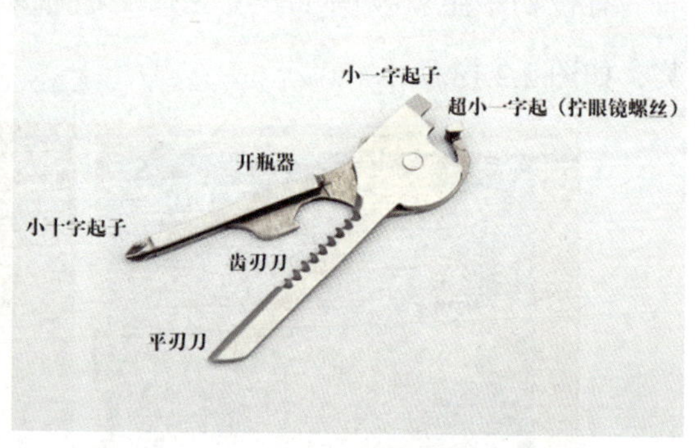

图 2.2.17　多功能钥匙

图 2.2.14 的吊带手表，这种吊带不仅能在公交车上作为扶手使用，还具有看时间的功能，这就拓展了吊带的用途。

图 2.2.15 中的椅子马桶，椅子不仅可以用来当座位，还可以把中间的板去掉，放在厕所里当马桶使用，方便老人和孩子使用。这也是用途发散。

图 2.2.16 中的窗户毛巾架，不仅可以当作百叶窗使用，当把它放下来时，可以晾上些毛巾、袜子等小物品，当作晾架使用。

图 2.2.17 中的多功能钥匙，不仅当钥匙使用，也可以做起子、开瓶器、齿刃刀、平刃刀等使用。

你也可以尝试完成下面小孔用途发散的任务。

小孔有什么用？下面举几个案例。

第一个利用小孔的案例是：美国一家制糖公司，每次往南美洲运方糖都因受潮而遭受巨大损失。最终使这一问题得到解决的不是公司的工程师，而是一位普通的工人。他受到轮船上有通风洞的启发，建议在方糖包装盒的角落处戳个孔使之通风，以达到防潮的目的。经试验，果然取得了意想不到的效果。他申请了专利，据说该专利的转让费高达 100 万美元。

第二个利用小孔的案例是：在日本有一种盛行一时的香扣子，就是在妇女的衣扣上开个小洞，向里面注入香水。香水不但不易散失，而且永远香味扑鼻，这样就不需再向衣服上、身上喷洒香水了。

第三个利用小孔的案例是：美国一家飞机制造公司尝试着在飞机的机翼上钻了无数微孔，结果发现，微孔可吸附周围的空气、消除紊流，从而大大减小空气的阻力。他们据此做出样机后，发明了可节油 40%的飞机。

小孔的威力竟如此之大，你也可以设想还可以在哪里钻小孔。

4. 突破规则

古往今来，人们一直生活在规则当中。古人说："没有规矩，不成方圆。"在遥远的蛮荒时代，当部落首领将有限的食物按照年龄长幼在部族中分配时，当《汉谟拉比法典》竖起时，当人们从战争与失序再次走向和平与安宁时，规则始终以其强大的生命力成为文明的体现，规范着社会和人类的行为。我们在这个世界上必须遵守一定的规则，如果没有规则，各行其是，社会就会混乱不堪，陷入毫无秩序的彼此冲突之中。

虽然规则在我们的生活中具有非常积极的作用，但规则不是死的，也不是一成不变的，它要适时、适地、适人、适度地变化。

不因循规则，敢于向规则挑战，是一种新价值观的体现。向规则挑战，就是根据新情况、新问题，对事物做出多种多样的无法预知的选择和推测，掌握某些创造不同思路的方法，以避免僵化地复制思维方式。因此，要从多角度考虑问题，重新构建问题，随着视角的不断转换而逐步接近并抓住问题的实质，寻找全新的视角。古语云："变则通。"挑战旧规则、建立新规则，往往是创造性解决问题的最好办法。我们看下面的一个例子：

从前，一个富翁的两个儿子各有一匹好马，他们常常为夸耀自己的马而发生争吵，富翁便让他们进行了一场赛马比赛。不过，富翁提出的规则与众不同，不是赛快而是赛慢，谁的马晚到达目的地，谁就是优胜者。比赛开始后，两个儿子想尽一切办法，以最慢的速度前进，结果过了好久才走了几里路。两人都不耐烦了，但又不肯认输。这时来了一位聪明人，他只说了一句话，两人听后，依计行事，即以最快的速度直奔目的地。于是，比赛很快就分出了胜负。原来，富翁让他们交换了马匹，每个人想让自己的马跑得慢，就得控制对方的马越快越好，这样就把比慢，变相地改成了比快。这正是由于突破了原来的旧规则，建立了新规则，所以很快解决了问题。

我们再看下面的几个例子：

(1) 防止作弊的视力表

有些人在检查视力时会作弊，作弊的方法就是把视力表背诵下来。图2.2.18中这个防止作弊的视力表的每个字母都可以旋转，每次检查前，都旋转上几个字母，利用背诵的方法就不灵了。它就是改变了字母固定的规则，从而解决了问题。

(2) 花生广告

做广告更需要花样翻新，才能让人印象深刻，起到广告的作用。例如图2.2.19，把广告印到每个花生上，吃一个花生就看一遍广告，重复多次，印象就会深刻了，这也是突破了在媒体上做广告的旧规则。图2.2.20是在牛肉干上做广告。

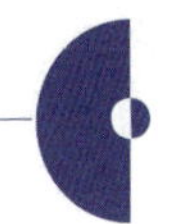

防作弊视力表

图 2.2.18　防作弊视力表

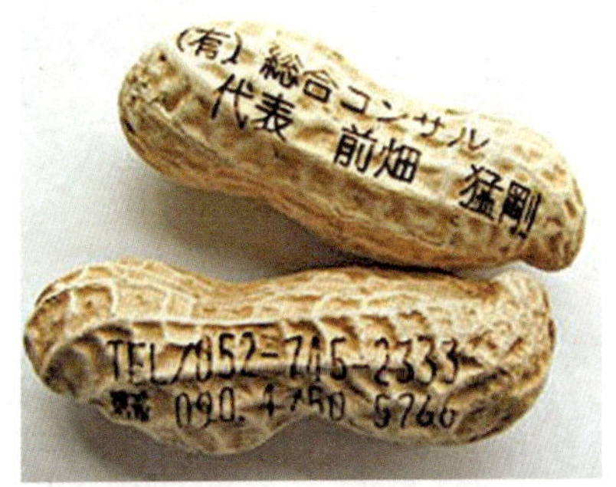

图 2.2.19

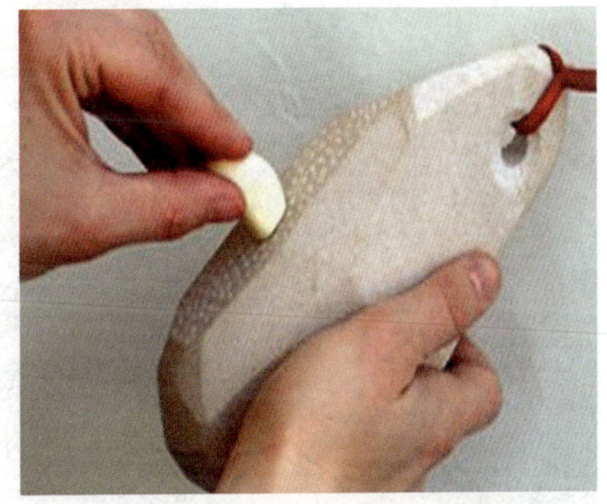

图 2.2.20

(3) 厨房里不可缺少的石头

一块石头看似没什么价值，但是打破规则，从全新的角度来审视它，会发现石头可以剥蒜，可以磨刀，可以砸坚果、姜、蒜等。如图 2.2.21 至图 2.2.24 所示。

图 2.2.21　石头图

2.2.22　剥蒜

图 2.2.23　磨刀

图 2.2.24　砸东西

第十八届(2003)兰州
上海 陆涛

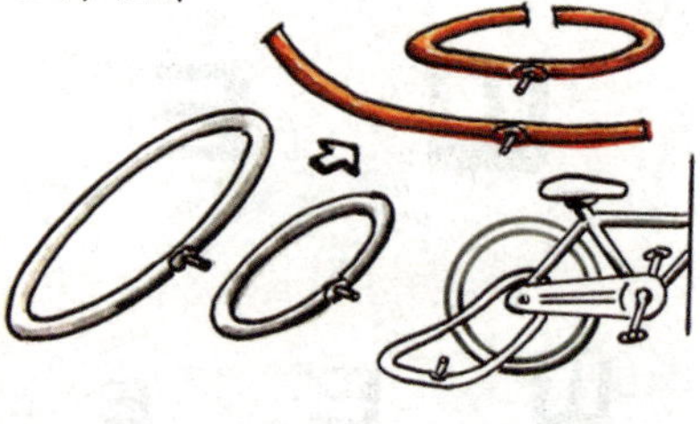

图 2.2.25　不封闭的内胎

(4) 不封闭的内胎

一般自行车的内胎都是一个封闭环形，如果自行车内胎报废，更换时需要卸掉外胎，比较麻烦。有位同学发明了一个不封闭的内胎，改变了内胎封闭环形的规则，把内胎做成了断开的环形，断开的端口是封闭的。这样做的好处是：更换内胎时，不需要再把外胎卸下来，直接扒开外胎，塞入即可，如图 2.2.25 所示。

(5) 左右都能开的汽车

图 2.2.26

汽车驾驶员的位置是由交通规则决定的。在马路上，靠右边行走的国家，汽车驾驶员的位置在汽车的左前方；靠左行走的国家，汽车驾驶员的位置在汽车的右前方。在行走规则不同的国家，同一汽车是不能同时在两个国家开的，如果我们改变汽车只在一侧开的规则，左右两边都有驾驶室，这样汽车左右都能开，这个问题就解决了。这在非洲和欧洲非常管用，因为它们都是由很多小的国家组成的，而且国家之间的行走规则不一样，有靠左行走的，也有靠右行走的，它们的国家之间也经常往来，有公路相通，如果有左右都能开的汽车，那就方便了，如图 2.2.26 所示。

(6) 永不分离的袜子

我们的袜子有两只，清洗它们或者存放它们的时候，如果不注意，它们经常分离，有时候只能找到一只，另一只却不知跑哪儿去了。丢失一只，另一只也就没有了价值。如果我们改变一下规则，在袜子口上预留出一个小孔，然后让两只袜子对穿，就可以形成如图所示的结构（图 2.2.27），两只袜子就会紧密结合到一起，永不分离，在清洗、存放时就不会有弄丢一只的尴尬情况发生了。

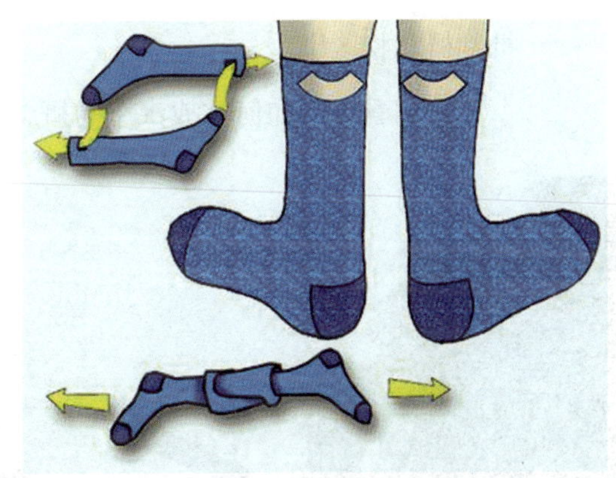
图 2.2.27　不分离的袜子

5. 挑战概念

概念是人们在千百次的社会实践中形成的关于某一事物的大家都接受、都认可的特征的认识，实际上就是给这个事物下定义。有了概念，说明人们对这个事物的认识达到了一定的深度。概念所反映的是人们对这个事物在现实条件下认识到的主要的、本质的、一般的方面。确切地说，它是人类思维的结晶。

1985 年某市修建立交桥时，一位从农村来看望女儿的老大娘，对着雨后泥泞难走的路大发感慨："真不明白，城里人又没有河，修的什么桥啊！"可见，在她的脑海里，桥与河是印在一起的，桥的概念就是过河的工具。现在桥的概念已经大大拓展，立交桥、心脏搭桥术、婚介的鹊桥、车站的天桥、娱乐活动的桥牌等。正因为这些突破传统的桥的概念已经被人们赋予了更多的新的含义，所以才有了各行各业的桥。

向概念挑战，就是向公众都接受的观点、事物以及解决问题的公认的适当的方法进行挑战，并找到新的概念、新的事物以及新的解决问题的方法。敢于挑战，就会开辟新的天地。向概念挑战，要把被挑战的概念从所要解决的问题系统中抽取出来，切断其一切联系，此外，要把挑战概念和批判概念相区别。

我们看一下如何挑战汽车的概念，如图 2.2.28 至图 2.2.44 所示。

图 2.2.28　香蕉汽车

图 2.2.29　高跟鞋汽车

图 2.2.30　动物形状汽车

图 2.2.31　汉堡汽车

图 2.2.32　电话汽车

图 2.2.33　螳螂摩托车

图 2.2.34　独轮摩托车

图 2.2.35　飞机摩托车

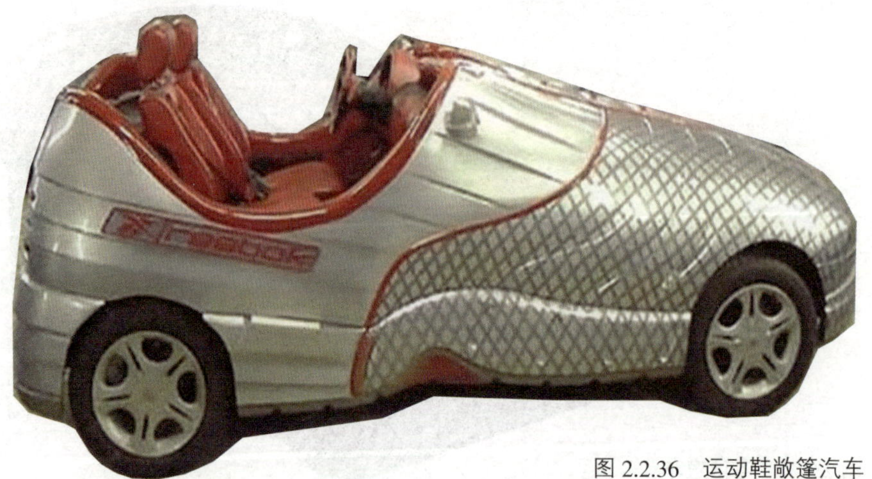

图 2.2.36　运动鞋敞篷汽车

图 2.2.37

图 2.2.38

图 2.2.39

图 2.2.37 至图 2.2.39　三轮车汽车

图 2.2.40　单人汽车

图 2.2.41　小汽车

图 2.2.42

图 2.2.42 至图 2.2.44
上海人发明的迷你小汽车

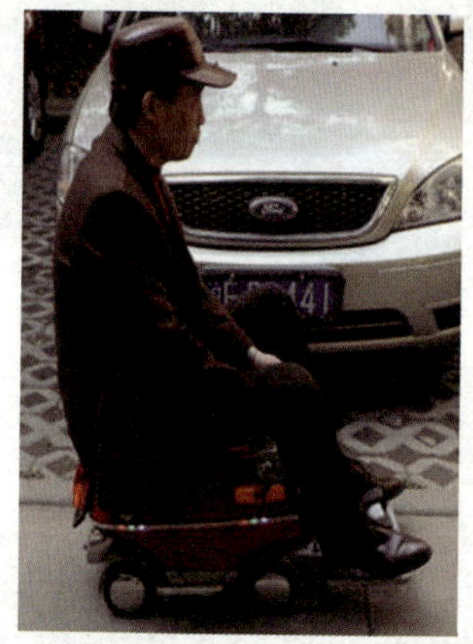

图 2.2.43

图 2.2.44

通过汽车的例子可以看出，当我们突破概念，对一个物体重新定义时，就会有新的概念和新的发明产生。

讨论总结

汽车还可以是什么样的呢？

请写出你心目中的汽车。

可参照：西瓜汽车 、山猫汽车、钱罐汽车、黄瓜汽车、泡泡汽车、椅子汽车、玉米汽车、糖果汽车、音响汽车、电脑汽车、大象汽车、书本汽车、炮弹汽车、电源汽车、灯泡汽车、鼠标汽车、呼啦圈汽车、标本汽车、化石汽车、恐龙汽车、猫汽车、老鼠汽车、冰鞋汽车……

第三节
逆向思维

阅读导航：

1. 逆向思维的特点是什么？

2. 逆向思维的类型和方法有哪些？

3. 我们在生活中如何利用逆向思维？

有人在一个小孩面前丢下 1 角和 5 分的两枚硬币，小孩只去捡那个 5 分的，人们就嘻嘻哈哈地大笑，以为他智力有问题。此事越传越广，很多人纷纷前来测试。每次，这个小孩都是只捡 5 分而不捡 1 角的，大家更认为这个小孩头脑有问题。终于有一天，一个人问这个小孩："你为何每次都捡那 5 分的？难道你不知道，1 角是 5 分的两倍吗？""当然知道。"小孩冷冷地说，"可是如果我去捡 1 角的硬币，就再也不会有人在我面前扔钱了。"

谁更聪明，不说大家也可以看出。这正是逆向思维的魅力所在。

一、逆向思维的概念

逆向思维就是将条件关系、作用的效果、使用的方式、过程的发展以及其他与之相关的因素，进行多视角观察与思考，把它们矛盾的另一面展现出来，有效地予以利用的思维形式。

逆向思维的特征：事物之间都存在着"正"与"反"的关系。这种"正"与"反"是相对的，而非绝对的，从内涵上讲，事物之间互为条件、互相依存。

在客观世界的许多事物之间，甲、乙的互换性是存在的。甲在一定条件下可以转化为乙，乙在一定条件下也可以转化为甲。

二、逆向思维的类型

逆向思维的几种方式：

(1) 就事物的原理进行逆向思考；(2) 就事物的位置进行逆向思考；(3) 就事物的过程进行逆向思考；(4) 就事物的结果进行逆向思考；(5) 就事物的缺点进行逆向思考。

我们通过一些案例来学习一下逆向思维的思考方法，先看一个中国古代的故事。

鬼谷子考徒弟

战国时期，鬼谷子对徒弟孙膑和庞涓说："我坐在屋里，看看你们两个谁能把我从屋里劝到屋外去。"庞涓说尽好话，也没成功。孙膑说："老师，我没办法把你劝到屋外去，但我有办法把你从屋外劝到屋内。"鬼谷子说："我不信，我倒要看看，你怎么劝我回屋内。"鬼谷子说着就往外走，等鬼谷子一出屋，孙膑说："老师，我把你劝出来了。"孙膑使用的就是逆向思维。

从上面的例子中我们可以看出，孙膑采用的是顺序逆向的方式。

1. 顺序逆向

顺序逆向的类型：(1) 空间反向：上变下、下变上；前变后、后变前；左变右、右变左。(2) 时间反向：先变后、后变先；滞后变超前、超前变滞后；快速变慢速、慢速变快速。

我们再从下面几个例子中体会顺序逆向的思考方法。

海南有一位饲养能手，刚开始养鸭时，每只都养到6~7斤才出售，结果鸭大而滞销。为此事，他一直苦恼，有时还想放弃这一职业。经过详细的调研后，他发现，原来是人们不愿意花太多钱买重的鸭。之后，他采取了反向经营方式，变大为小，把鸭养到 2~3 斤就上市，结果正好符合人们的需求，销路很好。他还发现，农民种的反季节蔬菜可以卖到一个好的价钱。这使他受到启发，每年鸭上市，大都集中在夏秋两个收获季节之后，鸭多价低，旺季一过，鸭少而价高，因此他选择在冬春上市。他大胆实践，获得了较高的经济效益。

下面几个发明也是顺序逆向的案例：

(1) 泡菜坛

我们家庭中腌制咸菜时，用的大都是只有一个开口的泡菜坛，如图 2.3.1 所示，由于泡菜坛下面的咸菜投进去的最早、腌制的时间最长，所以最先腌制好。如果我们想吃咸菜，就需要把最下面腌制好的咸菜捞出来，这时就比较麻烦：用一根棍子翻腾半天，才能把菜翻上来。这种结构，在计算机科学的数据结构里面叫作“栈”，它的特点是“先进后出”。这种顺序不符合我们吃咸菜的逻辑，我们吃咸菜的逻辑是“先进先出”，如果能改成“队列”结构就可以了。一位同学设计出了“U”形泡菜坛，如图 2.3.2 所示，还在全国比赛中获得了一等奖。这种泡菜坛有两个口，一个口进咸菜，另一个口出咸菜，这样就成了“先进先出”的结构，腌制咸菜和食用咸菜都比较方便了。

图 2.3.1　普通泡菜坛

图 2.3.2　“U”形泡菜坛

⑵ 可反向的手电筒

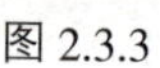
图 2.3.3

图 2.3.4

普通的手电筒可以向前照明，有一种既可以向前照明也可以向后照明的手电筒，如图 2.3.3 所示。它的头部有两个背对的方向相反的聚光罩和两套高亮度的 LED 灯泡。它的开关有三种状态：把开关向前推，前面照明的灯泡点亮，可以作为普通手电筒使用；把开关向后推，后面照明的灯泡点亮，光被向后的聚光罩反射到后方；把开关推到中间，灯泡都灭掉。此外，把手电筒头部朝上竖立在桌面上，可以作为台灯使用，如图 2.3.4 所示。由此看出，把照明的方向逆向，就是一个新的发明。

⑶ 自洗水龙头

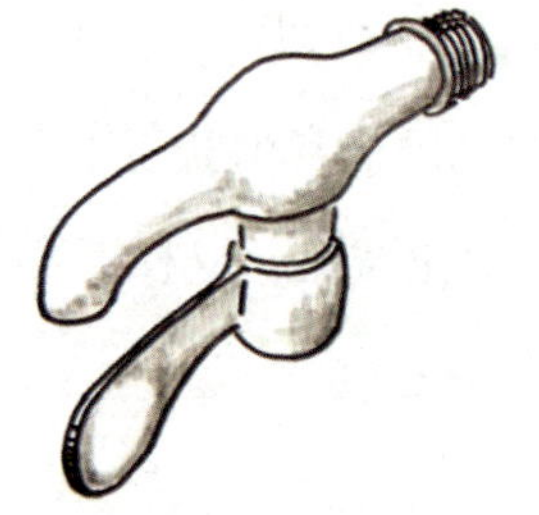

图 2.3.5 自洗水龙头与标准水龙头

标准水龙头，开关手柄在水龙头的上方，这种水龙头在公共场合特别是在医院、卫生间这种公共场合使用时，有一个很大的缺点：当我们洗完手，一关水龙头的手柄，手柄上的细菌、病毒又会粘到我们手上，造成二次污染或交叉污染。如何解决这个问题呢？我们可采取顺序逆向的方法，把开关手柄的位置调整到水龙头的下方，这样我们洗手时就顺便把开关手柄也冲洗干净了，再关水龙头也不会造成二次污染了。开关手柄的位置顺序一颠倒，就是一个新的发明。这个作品在全国科技创新大赛中获得一等奖。

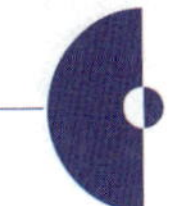

(4) 车内红绿灯

红绿灯通常都安在路口的灯杆上，指导车辆依次通过，防止无序堵车。现在设置的红绿灯也有缺点，当天降大雾、逆向阳光或跟在大车后面时，都不容易看清红绿灯，容易发生误闯红灯现象。一位同学注意到这个事情，运用逆向思维的方法发明了车内红绿灯，每辆车内装有红绿灯，路口的灯杆上装有红绿灯激发信号定向发射器，能向不同方向定向发射红绿灯激发信号，这样车内的红绿灯根据路口的激发信号，显示红灯或绿灯，驾驶员在车内就可以清晰地知道路口的信号灯状态，如图 2.3.6 所示。

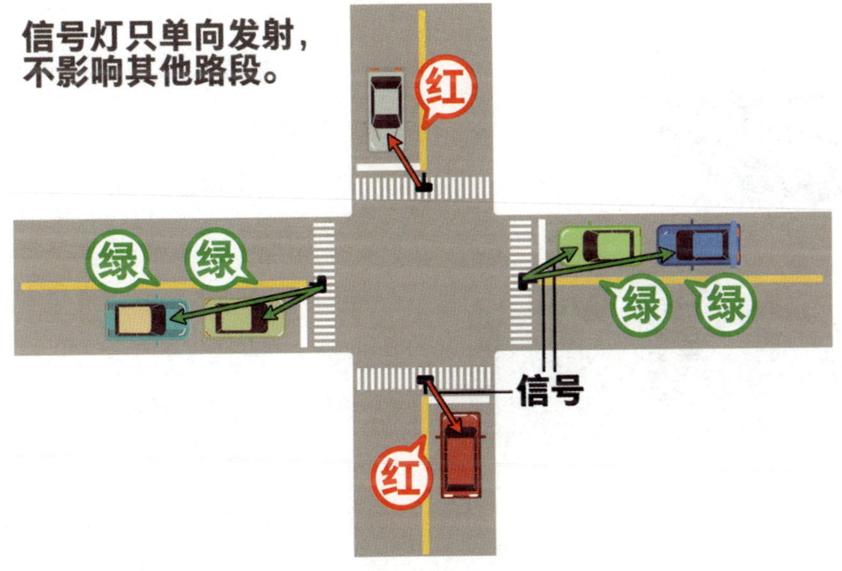

图 2.3.6　车内红绿灯

2. 功能逆向

功能逆向的类型：有作用变无作用、无作用变有作用；难变易、易变难；施者变受者、受者变施者；你动变他动、他动变你动；劣化变优化、优化变劣化；经久耐用变一次性使用，一次性使用变经久耐用；大俗变大雅，大雅变大俗。

(1) 飞机发动机的功能逆向

最早的飞机，其螺旋桨发动机装在飞机的头部，螺旋桨向后扇风，使

图 2.3.7　螺旋桨战斗机和喷气式战斗机

图 2.3.8　直升机和鹞式战斗机

图 2.3.9　马桶烟灰缸

飞机起飞，后来出现了喷气式飞机发动机，这种发动机装在飞机的尾部，向后喷气推动飞机起飞（图 2.3.7）。直升机的螺旋桨装到顶部，向下扇风，使飞机起飞；鹞式战斗机的发动机装在飞机下部，喷口能够向下喷，实现垂直起降，升空后，飞机发动机喷口转到飞机后方，以喷气方式飞行（图 2.3.8）。这几种飞机，其发动机的功能是不一样的，甚至是相反的。

（2）马桶烟灰缸

马桶烟灰缸是一款马桶造型的烟灰缸，带有抽水功能，可将烟蒂自动浇灭，如图 2.3.9 所示。

（3）闹钟的功能逆向

①会跑的闹钟。只要时间一到，这种闹钟就在轮子的带动下，到处跑着响铃，而且会自动避障，主人必须起床把它抓住，才能关掉闹钟铃声，如图 2.3.10 所示。

②拼图闹钟。只要时间一到，闹钟上面的拼图就会凌乱，引发闹钟铃声，只有起床后把拼图拼好，闹钟的铃声才会停止，如图 2.3.11 所示。

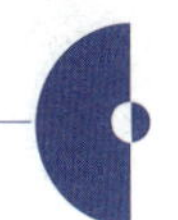

图 2.3.10　会跑的闹钟

图 2.3.11　拼图闹钟

3. 结构逆向

结构逆向的类型：内变外、外变内；对称变非对称、非对称变对称；平面变立体、立体变平面；方形变圆形、圆形变方形；小变大、大变小；反像变正像、正像变反像；零变整、整变零；多变少、少变多等。

下面，我们展示结构逆向的案例。

（1）圆形西瓜和方形西瓜

圆形西瓜是最常见的西瓜，它具有自然形态的形状，使果肉的体积最大，如图 2.3.12 所示。方形西瓜是人们给西瓜套上磨具形成的形状，它的优点是方便运输，而且能够利用磨具在西瓜上印上字和图案，如图 2.3.13 所示。

图 2.3.12　圆形西瓜

图 2.3.13　方形西瓜

对称　　非对称

图 2.3.14　衣服款式

图 2.3.15　不同形状的表盘

（2）衣服的对称与非对称结构

因为人体是中轴对称的，所以很多衣服设计成了中轴对称的样式，但有些衣服为了标新立异、展示不同的风采设计成了非对称样式，如图 2.3.14 所示。

（3）表盘的多样结构

我们常见的表盘有圆形的，也有方形的，有位青年发明了一种半圆形的表盘，使人耳目一新，自己也取得了很好的经济效益，如图 2.3.15 所示。

（4）电视的大小反向和图像反向

从外观尺寸上看，电视有两种完全相反的发展方向：一是为了方便携带——屏幕越来越小；二是为了追求视觉享受——屏幕越来越大。从图像上来说，有正反图像，我们知道镜子成像正好左右相反。日本索尼公司的董事长在理发时，从理发镜中看到电视图像是反的，突发奇想设计了反像电视。反像电视看似没什么用处，其实它可以用在理发店中，方便理发的人从理发镜中看电视。反像电视也可以用在乒乓球的体育训练中，左手拿拍的运动员的打球技巧对于右手拿拍的运动员来说，不好参考，如果我们通过反像电视来播放录像，左手正好变成了右手，对于右手拿拍的运动员来说就好参考了。

4. 缺点逆用

缺点逆用是指重新审视事物的缺点，并善于发现缺点的优势一面，化弊为利，借以发扬，最后起到意想不到的效果。其实，每件事物都有它自

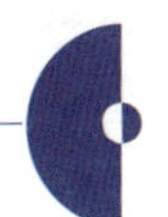

已的用场，你认为它无用，是因为你没有把它安排到合适的位置。

在中国商朝初年，有一个宰相叫伊尹，非常善于缺点逆用。他在组织工程建设的时候，让腿脚强健的人挖掘，让肩脊有力的人背运，让独眼的人测量画线，让驼背的人粉刷地面，人力各尽其用，使他们的特殊能力都得到发挥。

美国柯达公司在制作胶卷材料的时候，需要有人在暗室工作，视力正常的人一进暗室，极不适应，工作效率很低。一经理突发奇想，让盲人来干这项工作，因为盲人习惯于在黑暗中生活，他们做一定能提高效率。结果，盲人远胜过正常人。这就是典型的缺点逆用，把短处变成了长处。

抽水马桶每天需要大量的水来冲洗，洗衣机每天产生大量的废水，能否将两者的缺点结合一下呢？有人发明了马桶洗衣机一体机，如图 2.3.16 所示。把洗衣机作为马桶的储水桶放在马桶的上边，把马桶作为洗衣机的排水管道放在洗衣机的下面，这样洗衣机的废水用来冲洗马桶，既节省了大量的水，又节省了卫生间的空间，一举两得，非常合适。

图 2.3.16

讨论总结

运用逆向思维书写创意，并与同伴进行交流。

第三章 创新发明方法

用冰冻布袋连接石油管道

有个南极探险队去南极做越冬考察，被越冬燃料问题难住了，传统的桶装燃料输送法显然不行。队长召集所有队员开会，有队员建议用管道运输，但是管道之间如何连接呢？采用普通的作业法肯定是行不通的。有队员提出，用吸饱水的布带缠在管口对接部位，待冰冻后，油就不会从连接处渗漏出来。果然，这种方法很奏效，很好地保障了越冬燃料的供应。

故事中，南极探险队采用集体开大会、共同想办法解决问题的方法就是头脑风暴法。

创新技法就是创造学家根据创造性思维发展规律总结出的一些原理、技巧和方法。这些技法，还可以在各种创造、创新过程中借鉴使用，能提高人们的创造、创新思维能力，促进创新成果的实现率。

第一节 头脑风暴法

阅读导航：

1. 什么是头脑风暴法？头脑风暴法的操作步骤是什么？

2. 如何通过“剥核桃”来体验头脑风暴法的使用过程？

3. 使用头脑风暴法的注意事项是什么？

头脑风暴法是世界上最早应用的创造技法。头脑风暴法不仅用于创新、创造、发明，还可用于改进工作、改善管理。头脑风暴法是1938年美国亚历克斯·奥斯本发明的世界上第一种创造技法，也叫智力激励法，是一种群体创新技法。

一、头脑风暴法的概念

头脑风暴法出自“头脑风暴”一词。所谓头脑风暴，最早是精神病理学上的用语，是针对精神病患者的精神错乱状态而言的，因为精神病患者的人脑处于失控的风暴状态，什么新奇的想法都有。现在的头脑风暴法指的是无限制的自由联想和讨论，其目的在于产生新观念或激发创新设想，当然头脑风暴法的风暴状态是可控的风暴状态。它是以小组讨论会的形式，群策群力、相互启发、相互激励，使人们的大脑产生连锁反应，以引出更多的创意，最后再总结整理，找出最佳的可行方案，从而解决问题。

二、头脑风暴法的原则

要想使头脑风暴法产生最佳的效果，要遵循下列原则：

自由畅想原则：要敞开思维，使思维不受传统逻辑和其他任何思维框框的束缚，保持自由驰骋的状态。充分发挥联想和想象力，通过横向思维、逆向思维、发散思维等形式，尽力求新、求奇、求异。

延迟判断原则：在自由畅想期间，对所提设想不做判断，更不允许批评。创造良好的畅想氛围，使与会者思想放松、气氛活跃，因为一个新设想刚提出来的时候，往往是不完善的、脆弱的，要留出足够的时间使之逐步完善。有时，一个新设想乍看起来好像很荒诞，但它有可能就是另一个更好的设想的垫脚石，不能过早对其进行否定判断，过早判断是创造力的克星。

谋求数量原则：在有限的时间内，所提设想的数量越多越好。最初的设想往往不是最佳的，而一批设想的后半部分的价值要比前半部分高78%。

综合改善原则：尽量在别人所提设想的基础上加以改进发展，然后提出新设想。强调相互启发、相互补充和相互完善，创造往往就在于综合。

这四条原则通过以下八条具体会议规则来实现，以达到与会人员之间的智力互激和思维共振。

1. 决不评判别人的设想。评判包括自我评判与相互评判。

2. 提倡针对目标任意自由思考，提出的设想越多越好。

3. 参加会议的人不分上下等级，平等对待。

4. 不允许私下交谈，以免干扰别人的思维活动。

5. 不允许用集体或权威提出的意见来阻碍个人的创新思维。

6. 任何人不能做判断性结论。

7. 各种设想不分好坏，一律记录下来。

8. 最后把所有设想综合起来评判，得出最佳的解决方案。

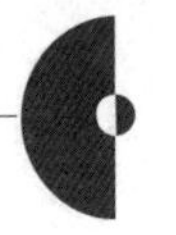

三、头脑风暴法的使用程序

1. 准备

选择主持人。理想的主持人要熟悉头脑风暴法并了解所要解决的问题，能在必要时恰当地启发和引导大家。

会议人员的遴选。参加头脑风暴法会议的人数以5~10人为宜，可根据待解决问题的性质确定人员。指定一人负责做会议记录，或主持人自己承担记录工作。

此外，还应选择安静的开会地点，做好事先通知。

2. 热身

为使参加会议的人员进入“角色”，减少僵局冷场的局面，需要制造轻松的氛围。例如，可以播放音乐、放些糖果或倒杯茶水等。待与会人员的心情放松之后，主持人便可以提出一个与讨论课题对象无关的简单而有趣的问题，以激活大脑的思维。例如，可采取“动物游戏”“互相介绍”“讲幽默故事”等形式，使气氛活跃起来。待大家全都积极地投入进来，主持人便可调转话题、切入正题。

3. 明确问题

首先，主持人向与会者简明扼要地介绍所要解决的问题，让与会者简单讨论一下，以取得对问题的一致理解。

其次，重新叙述问题，对问题进行分析，也可将问题分成几个小问题。同时，主持人应启发大家运用多种解题思路，为提出设想做准备。

4. 自由畅谈

这是头脑风暴法的核心步骤，要求大家突破种种思维羁绊，克服种种心理障碍，任思维自由驰骋。应借助于人们之间的知识互补、信息刺激和热情感染，并通过联想和想象等思维形式提出大量创造性设想。

5. 加工整理

主持人应及时收集大家在会后产生的新设想，因为通过会后的休息，思路往往会有新的转换或发展，又能提出一些有价值的设想。曾有一次会议，与会者在会上提出了百余条设想，第二天又增补了20余条，其中有4条设想比头一天提出的所有设想都更有实用价值。

还要对方案进行评价筛选，看其是否具有新颖性、可行性。

最后，形成最佳方案。将筛选出来的方案逐一进行推敲斟酌、发展完善、分析比较，选出最佳方案，或将几个方案的优点进行恰当组合形成最佳方案。

下面以“剥核桃”为例，体验头脑风暴法的具体应用。

剥核桃的新方法

主持人：今天我们讨论剥核桃的方法，要求剥得多、快、好。平时你们都如何剥核桃？

大家发言：（大家列出了如下办法）用牙磕、用手掰、用榔头砸、用钳子夹、用门挤等。

主持人：大家的发言很好。核桃少时可以用这些办法，核桃多时怎么办呢？

大家发言：

（1）应该把核桃按大小进行分类，各类核桃分别放在压力机上砸。

（2）可以把核桃沾上某种物质、粉末，使它们变成一般大的圆球，再在压力机上砸，用不着分类。

（3）沾上粉末可能带有磁性，在压力机上轧压后，或者在粉碎机上粉碎后，在磁场的作用下脱掉核桃壳。

主持人：很好，那么用什么样的力才能把核桃砸开，用什么样的办法才能得到这些力？

大家发言：

(1) 需要加一个集中挤压力，用某种东西冲击核桃，就能产生这种力。或者反过来，用核桃冲击某种东西。

(2) 可用气动枪往墙上射核桃，比如说可以用装泡沫塑料弹的儿童气枪。

(3) 当核桃落地时，可以利用重力。

(4) 核桃壳很硬，可以先用溶剂加工，使它们软化、溶解，或者可以冷冻，使壳变得较脆。

主持人：动物吃这些东西时，是怎样解决这些问题的？

大家发言：

(1) 鸟儿用嘴啄，或者飞得高高的，然后把核桃扔到硬地上。我们可不可以将核桃装在袋子里，从高处（如在热气球上、直升机上等）往硬的物体（如水泥地面）上扔，然后把摔碎的核桃拾起来。

(2) 可以把核桃放在液体容器里，借助水力的冲击，把核桃破开。

(3) 应该掘口深井，井底放一块钢板，在核桃树与深井之间开几道槽沟。核桃自己从树上掉下来，顺着槽沟滚到井里，摔在钢板上就会破裂。

主持人：大家提出了不少好的设想，那么是否可以从核桃内部想办法呢？

大家发言：

(1) 应该把核桃钻个小孔，往里面打气加压，外壳就会破裂。

(2) 如果我们采用照射或其他办法，在核桃长到一定程度的时候，不让外壳长，只让核桃仁长。这样，核桃仁的生长力就会顶破外壳。

(3) 可以把核桃放在空气室里，往里面加压打气，然后使空气室的压力锐减，因为核桃内部的压力不能立即降低，这时，内部气压就会使核桃破裂。或者使空气室的压力交替地剧增与锐减，使核桃壳始终处于不断变化的气压负荷状态。

(4) 传统剥核桃壳的方法虽然壳被剥掉了，但核桃肉的破损率也很高。所以，如果给核桃加热，使核桃内部产生大量的热气，往外膨胀，当加热到一定温度时，外壳破了，而核桃肉却完整无缺。

这次讨论共产生了40多个设想，最后确定了一个方案——让空气压力超过大气压力并随即降到大气压力以下，使核桃壳破裂、核桃仁完好。这个方案还获得了发明专利呢！

讨论总结

以小组为单位，用头脑风暴法讨论下列问题：

1. 假如让你们设计和组织班级课外活动、新年晚会等，你们能提出一些什么吸引人的创意呢？

2. 学生们为了看电视常忽视了做家庭作业，怎么解决这个问题呢？

第二节
主体附加及组合法

阅读导航：

1. 什么是主体附加法？如何运用主体附加法进行发明创造？

2. 什么是组合法？组合法的类型有哪几种？

一、概念

主体附加组合法是指以某一特定的对象为主体，增添新的附件，从而使新的物品性能更好、功能更强的组合方法。这种组合是在原有创意或技术思想中，补充新的内容，在原有的物质产品上增加新的附件。

我们先看一个案例：海曼是美国佛罗里达州的一名画家。他画技虽然不高，但是非常用功。有一天，海曼正在画画，画着画着，他觉得有个地方需要修改一下，于是赶紧用橡皮擦掉修改。刚擦完，又发现铅笔不见了，海曼很恼火。后来他找到铅笔后就把它与橡皮绑在一起，可是，没过几天，橡皮就掉下来了。海曼又把它们绑起来，可过几天橡皮还是掉下来。几次以后，海曼索性连画也不画了，专门想办法来固定铅笔上的橡皮。最后，海曼终于想出了用薄铁皮将橡皮固定在铅笔尾部的好办法。后来，海曼将这个小发明申请了专利。一家著名的铅笔公司知道后，用55万美元买下了这一专利。就这样，海曼由一个穷画家变成了大富翁。海曼就是利用主体附加组合法，把橡皮附加到铅笔上，发明带橡皮的铅笔专利的。

二、主体附加组合法的特点

1. 以原有的技术思想或原有的物质产品为主体。

2. 附加技术思想只起完善、补充或利用主体技术思想的作用。

3. 附加物体为已有的产物，或根据主体的特点为主体专门设计的附带装置。

4. 可以改变附加物的数量或者调换主体和附加物的位置。

三、使用主体附加组合法的步骤

1. 有目的、有选择地确定一个主体。

2. 运用缺点列举法全面分析主体缺点。

3. 运用希望点列举法对主体提出希望。

4. 考虑能否在不变或稍变主体的前提下，通过增加附属物以克服或弥补主体的缺陷。

我们还是来看看铅笔。自海曼的带橡皮头的铅笔问世以来，人们就在铅笔上大做文章。1936 年维斯涅尔申请了铅笔一端装有圆形橡皮的专利；1946 年美国的彼切尔逊发明了在铅笔尾部可将橡皮抽出的铅笔；德国的普林茨又发明了带切削刀的铅笔；美国的罗斯发明了带纸的铅笔；德国素锡发明了带灯泡的铅笔……这些铅笔的发明，无不是在橡皮头铅笔的启示下的主体附加组合的代表。摩托罗拉公司也把收音机附加到汽车上发明了带收音机的汽车。

门钩开关（图 3.2.1）：门钩开关就是把钩子附加到开关上，组合成门钩开关。人们在离开房间时经常忘记关闭电灯、电扇等电器的电源开关。门钩开关利用挂东西的方式来控制开关：人们到来时，把包挂到钩子上，电源开关就打开了；离开时，从钩子上取下包，电源开关就关闭了。这种开关能防止离开时忘记关掉电源开关或者忘记包。

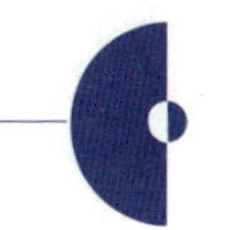

图 3.2.1

图 3.2.2

婴幼儿喂药器（图 3.2.2）：婴幼儿喂药器就是把斜嘴附加到杯子上。婴幼儿在吃药时不配合，利用这个杯子给婴幼儿喂药，把药放在斜嘴里，给婴幼儿喂水时，顺带就把药带进去了。

四、组合创造法

如果两个物体都是主体，也可以组合在一起，我们称之为组合法。简单来讲，所谓“组合”，就是把两种不同的东西组合成一个新东西，使这个新东西具有原来两个甚至几个东西的特点、功能或原理。组合是一种相对比较简单的创造方法，只要思路得当、有实际意义，几乎所有的东西都可以拿来组合。组合法是创造发明最常用的方法之一。

我们先看一个案例：有一次，闻一多先生给学生上课，他走上讲台，先在黑板上写了一道算术题：2+5=？问道：“大家谁知道二加五等于多少？”学生们有点疑惑不解地回答：“等于七嘛！”闻先生说：“不错，在数学领域里，2+5=7，这是天经地义的。但是，在艺术领域里，2+5=10000也是有可能的。”说到这里，他拿出一幅题为《万里驰骋》的国画让学生们欣赏，只见画面上突出地画了两匹奔马，在这两匹奔马后面又错落有致、大小不一地画了五匹马，这五匹马后面便是许多影影绰绰的黑点点了。闻先生指着画说：“从整个画面的形象看，只有前后七匹马，然而，凡是看过这幅画的人，都会感到这里有万马奔腾，这难道不是 2+5=10000 吗?”

由此可见，组合起来后的力量是无穷的。组合法在组合时，有不同的组合方法。

1. 异类组合

异类组合是两种或两种以上不同创意的组合、不同领域的技术思想的组合，以及不同的物质产品的组合。组合对象（技术思想或产品）来自不同的方面，一般无主次关系。参与组合的对象从意义、原子、构造、成分、功能等任一方面或多方面互相渗透，整体变化显著。异类组合是异类求同的创新，创新性很强。

例如，日本有一家名叫普拉斯的公司，专营纸张、文具、图钉、尺子等文教小用品，由于薄利而不多销，经营方法陈旧，生意始终很清淡，公司已接近破产的边缘。一天，公司的老板突然向职员们宣布：“本公司因产品缺乏新意，故萎靡不振，已面临破产的危机。为了摆脱困境，希望全体员工动脑筋、想办法。”王村浩美对顾客进行了细致的观察和分析。她发现，来买东西的人几乎很少买一件的，往往是好几件一起买，她就想，能不能把各种文具集中起来放在一个盒子里一起销售呢？王村浩美的这个建议被公司采纳了，因为这个想法满足了顾客求方便的需要，普拉斯文具的销量马上大幅度上升，很快便风行全球。

图 3.2.3

瑞士刀具（图 3.2.3）就是把各种各样实用的生活工具组合在一起，一把“刀子”里，有剪刀、开瓶器、叉子、起子、锯齿刀，有的甚至有小锤子、小钳子，功能多的达到二三十种。类似的还有手表指南针、钥匙链指南针等。

2. 同类组合

同类组合是若干相同事物的组合，组合对象是两个或两个以上的同一事物。在保持事物原有功能或原有意义的前提下，通过数量的增加来弥补不足的功能，或求取新功能，或发生新意义，而这种新功能、新意义是事物单独存在时不具有的。

图 3.2.4

例：一把刀+一把刀=?

一把刀+一把刀=剪刀（交叉组合）（图 3.2.4）

一把刀+一把刀=多片菜刀（并列组合）（图 3.2.5）

图 3.2.5

一把刀+一把刀=双刃刀（相向组合）（图 3.2.6）

图 3.2.6

3. 重组组合

重组组合简称重组，即在事物的不同层次上分解原来的组合，再以新意图重新组合起来。重组作为手段，可以更有效地挖掘和发挥现有技术的潜力。

例如：双层夹子（图 3.2.7），把两个夹子重组组合，能够同时夹住两层东西。两个夹子的控制装置相互独立，夹口共用一层夹片，节省材料，实现

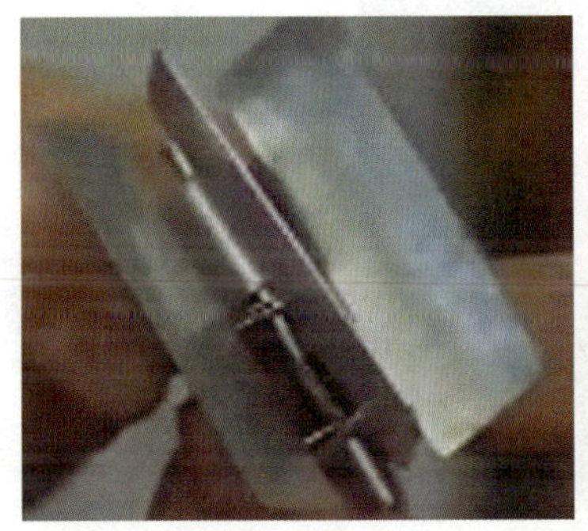

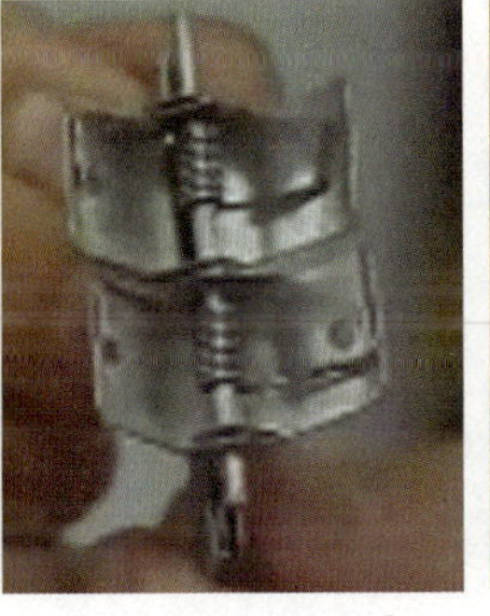

图 3.2.7

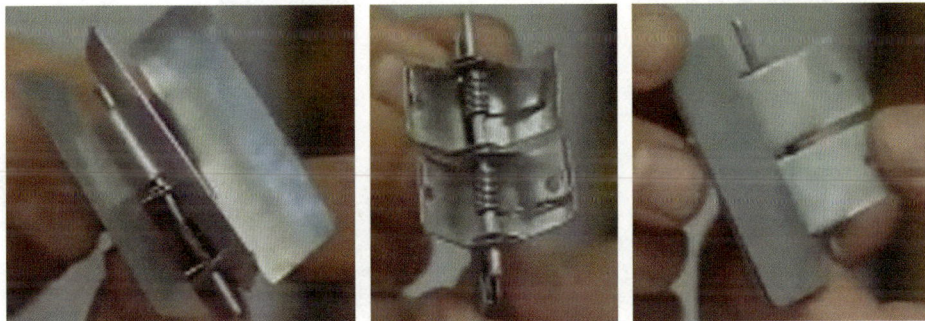

了技术优化。

4. 共享与补代组合

图 3.2.8

共享：不同的或相同的事物共享同一原理、同一装置等的组合。补代：对某事物的要素进行取舍、补充、替代的组合方式。

最典型的代表是中华民族特有的动物——龙（图 3.2.8），世上本没有真正的龙，我们的祖先通过想象，将多种动物的精华部分——鹿角、马脸、牛眼、虎嘴、虾须、蛇身、鱼鳞、鹰爪进行组合，创造了“龙”这个中华民族的象征。

能够分体加热的便携水杯（图 3.2.9）：水杯加热部分和泡茶部分能够分开，可利用笔记本电脑对水进行加热，加热电线能够组合到杯子里，方便携带。

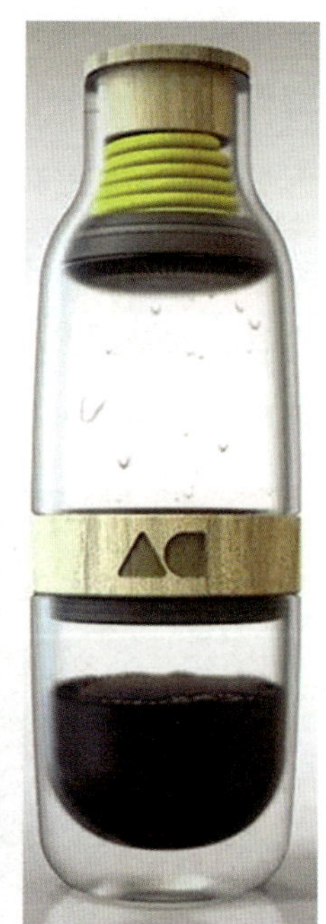

图 3.2.9

图 3.2.10

整体橱柜（图 3.2.10），把以前分散的碗橱、米柜、刀架、调料盒、储物柜等统统组合在一起，使厨房变得越来越美观，也节约了更多的空间。

5. 性能的组合

性能的组合主要体现在动植物的杂交和嫁接上：马和驴杂交出现了骡子；狮子和虎杂交出现了狮虎兽；苏联生物学家米丘林将梨和苹果嫁接起来，发明了梨苹果；我国的袁隆平教授把各种长势好的水稻进行杂交育种，发明了多种杂交水稻，被称为“杂交水稻之父”……

以豆腐为例，可以把一种普通的豆腐变成几十种甚至几百个品种。从颜色上看：普通豆腐；豆腐加草莓=红色的草莓豆腐；豆腐加菜汁=绿色的蔬菜豆腐；豆腐加咖啡=棕色的咖啡豆腐；豆腐加橘汁=黄色的橘汁豆腐；从质量上看：可分为 100 克、250 克、500 克、1000 克、2000 克等；从包装形状上看：可分为圆柱形、方块形、圆球形、三角形、动物造型等。这样一来，就有五种颜色、五种质量规格、五种包装形状的豆腐。从理论上计算，就组成了 5×5×5=125 种豆腐产品系列。

组合法的例子还有许多，如毛笔是碱性水浸过的兔尾和竹管的组合，鸡尾酒也是各种酒的组合。只要你善于把两个不同的事物组合起来思考，就会得到创造性的成果。

讨论总结

从本章发明方法的角度讨论下面的案例：有一位老者在某厂门口摆摊卖香烟，一天，他突然在摊位上挂了个打气筒，并挂出“免费为自行车打气服务”的招牌。你知道老者为什么要这样做吗?

第三节
联想法与类比法

阅读导航：

1. 什么是联想法？联想法的类型有哪些？

2. 什么是类比法？如何利用类比法进行发明创造？

一、联想法

联想是一种科学的、丰富的想象过程，是由一事物的表象、词语或动作想到另一事物的表象、词语或动作。比如，当你见到一个意志坚强的人就会联想到钢铁，而见到一个凶狠的人就会联想到豺狼。联想又分为自由联想和强制联想。自由联想就是不受拘束地随意联想，如由白天想到白云、由白云想到飞机等。强制联想是有意识地限制联想的主题和方向。因此，所谓联想法，就是通过一些技巧，或者激发自由联想，或者产生强制联想，从而解决问题的方法。

联想式思维是不同事物的表象之间存在的某种关联引发了人们的想象，进而产生的思维活动。联想式思维在科技创新中有重要作用，譬如从变色龙到伪装服的研发思路：研究者从变色龙能够适应环境色彩变化而改变身体颜色的特性中得到启示，研发出了用于军队的伪装服。

有位小朋友通过联想法发明了下雨自动关窗装置，她的发明过程是这样的：首先通过窗户自动关闭这一要求联想到弹簧门，即应有一弹性张紧机构，下雨前窗户是开的，得有一控制机构与弹性张紧机构平衡。该控制机构如遇下雨就变湿，结果失去控制，让窗户关上。什么东西干时能承受拉力，下雨时就失去拉力呢？由此，她联想到卫生纸。于是，她设计出这样一种装置：打开的窗户外侧用一束卫生纸系结，内侧用一束橡皮筋张紧，这就解决了下雨自动关窗的问题。

联想要充分发挥想象力，有时甚至要超出人们一般思维的想象力。如墨水和光，这是很难直接叠加在一起的两种不同的事物，但是我们通过发挥想象，就有可能形成一种新的物品。比如做成荧光墨水，用这种墨水写成的字在夜间都可以看得很清楚。还可以做成变色墨水，在不同的光线下，其颜色也就会发生不同的变化。如果用这种墨水加工成工艺品的话，我相信一定可以吸引许多顾客。

又如毛巾和扇子，一个是用来洗脸、洗手的用具，而另一个是用来扇风乘凉或用来做工艺品的，它们之间有什么联系呢？我想如果在毛巾的边上缝制一条管状的边，在管内插入一根小棍，那么当用手摇动小棍时，毛巾也随着转动，不是可以扇出风来吗？一物两用，这对旅游者来说，无疑是一种旅游的好用具。

在联想中，两种事物的前后顺序可以颠倒来进行叠加联想。如玻璃+广告，你既可以联想到在玻璃制品上印刷广告，同时也可以联想到印制宣传玻璃制品的广告。总之，联想时要放开手脚，大胆地去联想，甚至一些离奇古怪、异想天开的想法都有可能成为发明的素材。

根据以上所叙述的联想思路，我们可做以下联想：

蜂王浆+纸→纸质蜂王浆瓶；

蜂王浆+花→花粉蜂王浆；

毛巾+扇→毛巾扇；

毛巾+光→变色毛巾（儿童一定会喜欢）或荧光毛巾；

扇+笔→扇笔（在扇骨处装上笔，经过特殊装置，使扇骨的间距可调，可以同时画出几条平行线来，也可以画出几个大小不同的同心圆来）；

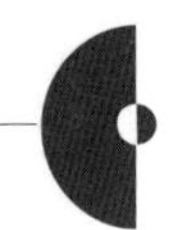

扇+墨水→扇形墨水瓶；

墨水+光→荧光墨水或变色墨水；

信封+笔→带笔的信封（可为一次性笔，使寄信者不因忘带笔而无法写地址寄信）；

墨水+纸→一次性纸质墨水瓶；

花+人参→人参花粉浆。

当然，有些组合成的产品是否适用、能否实现，还需要在实践中去检验才行。

二、类比法

希望变得更胖

西红柿是大多数人喜欢吃的蔬菜，但机械收割的西红柿却很容易破损。怎样才能使西红柿在收割时不破损呢？很多专家提出了新的收获办法，但都效果不佳或花费太多。有人问大家："如果你是西红柿，你会怎样感觉？"有人说："如果我是西红柿，我就希望我是一个大胖子，摔一跤，一点也不痛，我的脂肪能起缓冲作用……"他的话引起了其他人的兴趣，人们围绕"大胖子"不怕摔、怎样长到足够胖的问题进行探讨，最后终于想出了办法，培育了一种肉厚型的西红柿。

这些专家在讨论中把自己比作西红柿，就是运用了亲身类比方法。

人们研究一个发明对象时，会把已经知道的物品或曾经看到的某种现象同正在研究的对象联系起来，加以比较，从中受到启发。这种把别的事物类推到这个事物，或者是模仿和借鉴某种技术解决现在的难题的过程，就是类比。类比法就是运用类比推理，打开思路，解决新的问题、创造出新东西的方法。联想之后往往随之进行类比，因此，很难将联想和类比区分开来。

类比式思维是通过比较而进行的思维，常常是把较为陌生的事物与较为熟悉的事物加以类比，获得解决问题的思路。应该指出，类比作为一种推理方法，提供的只是可能性，而不是必然性。通过类比得到的推论必须经过实践的验证，才能加以认可。尽管如此，类比式思维提供的“可能性”为解决问题拓展了思路，依然是弥足珍贵的。类比式思维是科学研究中常用的思维模式。譬如，声音和光线都是直线传播，都有反射、折射和干扰现象等，而声音呈波动状态，由此可得出推论：光也呈波动状态。

亲身类比，又称拟人类比，即把自身与问题的要素等同起来，从而帮助我们得出更富创意的设想。在这个过程中，人们将自己的感情投射到对象身上，把自己变成对象，体验一下作为它会有什么感觉。这是一种新的心理体验，使个人不再按照原来分析要素的方法来考虑问题。

还有设计机械装置时，常把机械看作是人体的某一部分，进行拟人类比，从而获得意外的收效。例如挖土机的设计，就是模仿人的手臂动作：它向前伸出的主杆，如同人的胳臂可以上下左右自由转动；它的挖土斗，好比人的手掌，可以张开、合起；装土斗边的齿形，好似人的手指，可以插入土中，挖土时，手指插入土中，再合拢、举起，移至卸土处，松开手让泥土落下。这是局部的拟人类比，各种机械手的设计也是如此。整体的拟人类比，就是各种机器人的设计。这种拟人类比还常应用于科学管理中，比如把某工厂的厂办比作人脑，把各车间比作人的四肢，把广播室比作嘴巴，把仓库比作内脏等，从而按人体的正常活动管理全厂。这样就能及早发现问题，实现协调有序的管理。

形象类比法：著名的瑞典哲学家艾赫尔别格曾经对人类的发展速度有过一个形象生动的比喻，他认为，在到达最后 1 千米之前的漫长的征途中，人类一直是沿着十分艰难崎岖的道路前行的，穿过了荒野，穿过了原始森林，但对周围的世界万物仍茫然一无所知，只是在即将到达最后 1 千米的时候，人类才看到了原始时代的工具和史前穴居时代作的绘画。当开始最后 1 千米赛程时，人类才看到难以识别的文字，看到农业社会的特

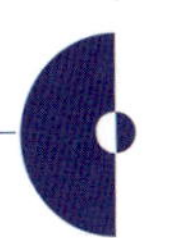

征，看到人类文明刚刚透过来的几缕曙光。离终点200米的时候，人类在铺着石板的道路上穿过了古罗马雄浑的城堡。离终点100米的时候，在跑道的一边是欧洲中世纪城市的神圣建筑，另一边是中国四大发明的繁荣景象。离终点50米的时候，人们看到了一个人，他用创造者特有的智慧和洞察力的眼光注视着这场赛跑——他就是列奥纳多·达·芬奇。剩下只有10米了，人类开始出现在火炬和油灯焕发出的光芒之中。剩下最后5米了，在这最后的冲刺中，人类看到了惊人的奇迹，电灯光亮照耀着夜间的大道，机器轰鸣，汽车和收音机疾驰而过，摄影记者和电视记者的聚光灯使胜利的赛跑运动员眼花缭乱……

可以说，在进行这个例子的构思过程中，哲学家本人应用了高超的形象类比来向人们说明“人类社会发展的速度”这个问题。

讨论总结

利用联想类比法想象一下，如果你是垃圾桶，你会有什么感觉？从中受到启发，改进一下现有的垃圾桶。

第四节
移植创造法

阅读导航：

1. 什么是移植创造法？移植创造法的类型有哪些？

2. 如何利用移植创造法进行发明创造？

图书和水果

加拿大一所大学图书馆，由于自来水设备出现故障，把图书都浸泡了，如何挽救书籍成为亟待解决的问题。一个图书管理员想到，在制造罐头时，为了排出水果中多余的水分，采用的是低温存放和真空干燥的方法。于是，他把干燥罐头的方法用在干燥图书上，使书籍恢复了原貌。

一、移植创造法的概念

上面的案例中采用的就是移植创造法。在发明创造中，把一种事物的原理、特性、技术、方法、材料、结构等，用在另一事物上做出发明创造的方法，叫作移植创造法。

耐克运动鞋的发明也采用了移植创造法。1972 年美国体育教授威廉·德尔曼在家做饼，他发现用传统的带有一排排小方块凹凸铁板压出来的饼，不但好吃，而且很有弹性。他想，如果把饼的这个特性应用到鞋上会怎么样呢？于是他把烤过的橡胶钉在鞋子下面，穿上这种鞋子走起路来感到非常舒服。接着，他把这个方法移植到运动鞋的制造上，发明了一种既富有弹性又能防潮的运动鞋。

二、移植创造法的类型及使用方法

1. 移植创造法的两条途径

(1) 将现有的原理、方法应用于其他具体事物上。

(2) 为解决正在研究的问题，寻求可以移植的其他方面的原理、方法。

两者的思考程序是相反的。

2. 移植创造法的类型

(1) 原理移植法：就是将科学原理或技术原理移植到某一领域的方法。有的科学家鉴于一般的汽车在南北极并不适用，于是想制造一种在极地使用的汽车。但是，这种汽车是什么样的呢？他们百思不得其解。后来，他们看见南极的企鹅，平时走路摇摇晃晃、不慌不忙、速度很慢，但面临生死存亡的紧急关头会一反常态，用腹部贴在雪地上，双脚蹬地，能在雪地上飞速前进。由此，科学家得到启发，设计出一种宽阔的底部贴在雪地上、用轮勺推动、速度可达每小时 50 多千米的雪地汽车。这个例子就是科学家把企鹅滑行的原理用在了汽车制造上。

(2) 方法移植法：就是把某一领域的技术方法有意识地移植到另一领域而形成创造的方法。比如面团经过发酵，进入烘箱后，内部产生大量气体，使体积膨胀，变成松软可口的面包。这种可使物体体积增大、重量减轻的发酵方法，叫作发泡技术。把发泡技术移植到塑料生产中，便发明了物美价廉的泡沫塑料，这种塑料质地轻、防震性能好，可以作为易碎或贵重物品的包装材料，也可用来制作救生衣等。把发泡技术移植到橡胶中，制成海绵橡胶，可以代替充气轮胎，以防轮胎爆胎事故的发生。把发泡技术移植到肥皂中，生产出能浮在水面上的肥皂，以防洗澡时肥皂掉落水中找不到的尴尬情境出现。把发泡技术移植到雪糕的制作过程中，可以生产出冰激凌。把发泡技术应用到混凝土的制作中，可以制作出轻而坚固、绝热隔音的气泡混凝土和轻体砖瓦，一方面可以使大楼保暖、隔音，另一方面可以减轻建筑大楼的重量。把发泡技术应用在金属材料、玻璃上，可以制造出泡沫金属、泡沫玻璃，可以充填工艺构件中的洞隙，还可以悬浮在水上，具有很大的开发应用价值。

(3) 结构移植法：就是指把某一领域的独特结构移植到另一领域而形成具有新结构的事物的方法。蜂窝是一种费料少但强度高的结构，把这一结构移植到飞机制造上，就可以减轻飞机的重量而提高其强度；把这一结构移植到房屋建筑上，可制造蜂窝砖，既能减轻墙体重量，又隔音保暖。

小明家住农村，家里的电灯开关是手拉式的，晚上起夜需要开关电灯，很不方便，小明于是想办法解决这个问题。小明在使用按键式圆珠笔时，突然发现按键式结构正好能够应用到电灯开关上，再加上利用气压作为驱动力就能完成远距离的开关控制，基于此他发明了气动开关装置，如图 3.4.1 所示。

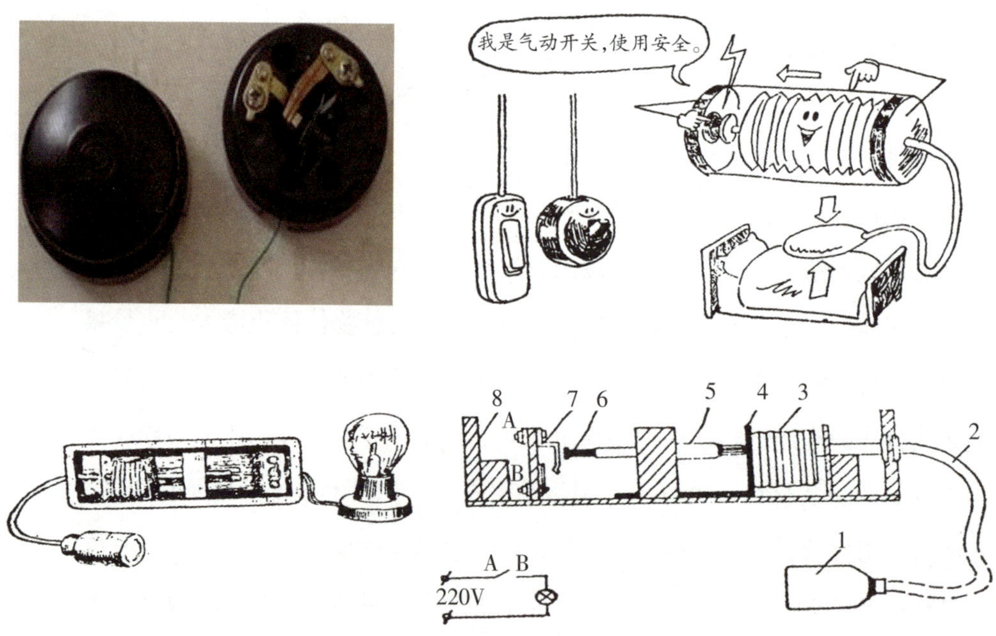

1.气囊，2.导气管，3.伸缩气囊，4.移动挡板，5.固定套，6.伸缩触头，7.开关弹片，8.灯座

图 3.4.1

这个气动开关的发明就是移植了按键圆珠笔的伸缩结构和气动传递结构，利用移植法解决了这个问题。

同样，这种伸缩结构也可以移植到其他地方。比如：移植到插座上，发明了安全的按键式插座（图 3.4.2）。这种插座，即使把插头插上也没有电，只有把插头向下摁一下、插座下沉一下才能接通电源。用完后，也不用拔插头，再摁一下，插座就弹起来、电源就断开了，避免了插拔插头的麻烦。把这种伸缩结构移植到插头中，就发明了带开关的插头（图 3.4.3），把这种插头插到插座上，摁插头就可以控制电源的开关，也避免了频繁地插拔插头的麻烦。

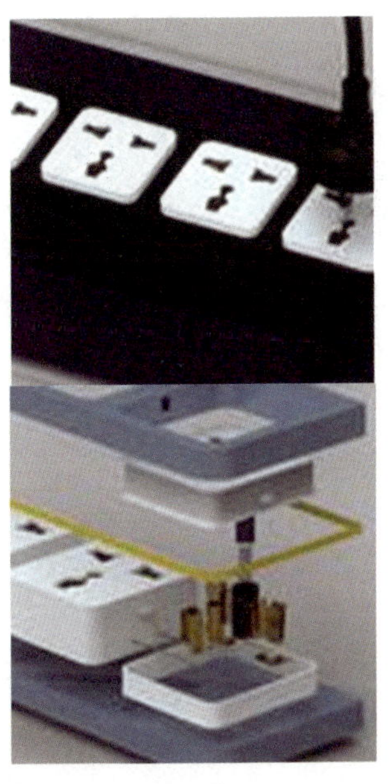

图 3.4.2

山东青岛的一个木工工人发明了一辆全木结构的自行车（图 3.4.4），自行车所有的部分全部是木头的，接头、动力传动也都是木质结构。它的传动结构采用的是原来蒸汽机的曲轴连杆传动结构。

图 3.4.3

图 3.4.4

讨论总结

2~4 个同学合作完成“互助发明”任务，掌握移植法的应用方法，培养团队合作精神。每个同学在小组内交流自己的创意作品，每个小组在全班交流至少两件创意作品。

第五节
感官利用补偿法　色彩音乐利用法

阅读导航：

1. 什么是感官补偿法？感官补偿法的类型有哪些？

2. 什么是色彩音乐利用法？色彩音乐利用法的类型有哪些？

一、感官利用和补偿法

我们通过视觉、听觉、嗅觉、味觉、触觉，产生对一个事物形状、颜色、声音、气味、味道、重量、质感等方面的认识。从视觉、听觉、嗅觉、味觉、触觉方面加以改变事物，通过对事物要素重组、变更或引入其他因素，使它产生新的功能，这种发明方法叫感官利用法。而巧妙地运用其他感官的功能去弥补某一感官的不足进行发明的方法叫感官补偿法。

1. 利用视觉——改变颜色和形状

世界上第一个交通信号灯用的是红色和绿色，红色示意停止，绿色示意当心。直到 1918 年才创造出今天的红、绿、黄三色信号灯，红色、绿色和黄色分别代表不同的语言指挥交通，这里色彩的功能就成了非装饰性功能。

用颜色代表红绿灯，对于色盲的人来说，就会失去作用。有人想到利用形状改变来代表红绿灯，比如用圆形代表红灯，用方形代表黄灯，用三角形代表绿灯。此外，还可以利用数字来代表红绿灯等。

农民利用色灯让农作物喜获丰收：红光照射下的作物，有机合成加速，作物早熟，产量高；蓝光照射下的作物，体内蛋白质的含量明显增加。在生物和医学研究中，经常用细菌染色法研究具体的细菌功能。医院医护人员的服装颜色以及病房中的装饰、被服颜色等也在发生着改变，不再只是清一色的白，而可以是让人舒服、安静的粉色、浅蓝色、彩色等。

下面几幅图也是利用视觉效果，如图 3.5.1 至图 3.5.7 所示。

图 3.5.1　鸭子台灯

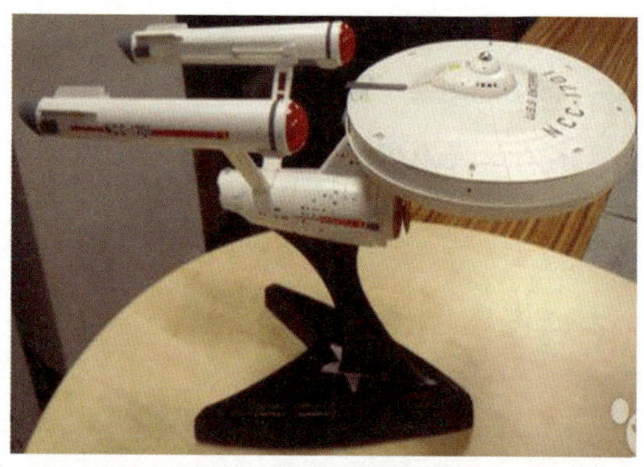

图 3.5.2　电子侦察机形状的路由器

图 3.5.3　吃太阳

图 3.5.4　大雁组成的笑脸

图 3.5.5　隐身人

图 3.5.6　鲸鱼造型的建筑物

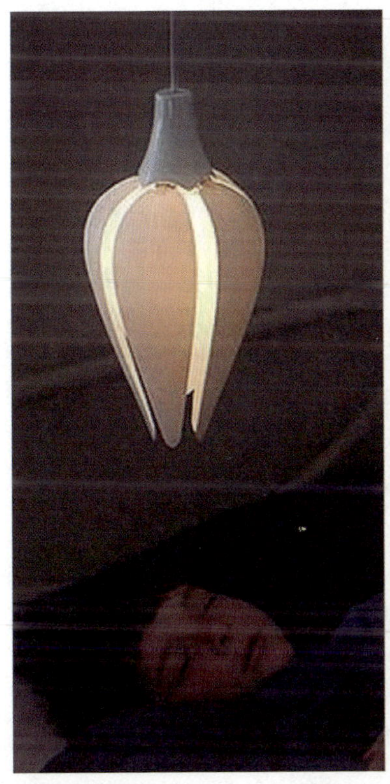

图 3.5.7　会自动开合的花瓣灯

DISCOLOR TYRE
TYRE DESIGN FOR SAFE...
If you discover that the surface of the tyre turns orange, that m-eans you need to change it.

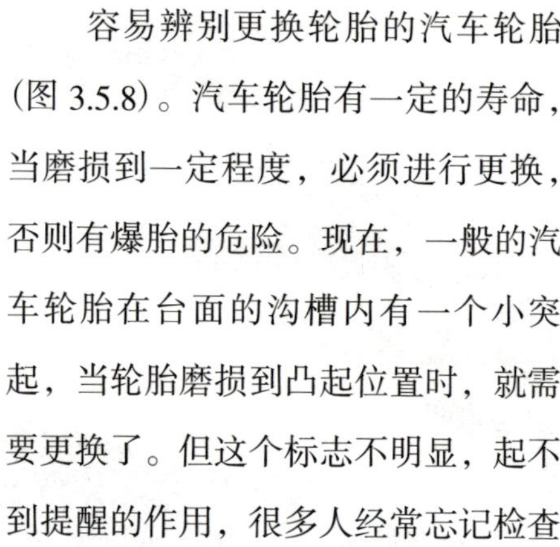

容易辨别更换轮胎的汽车轮胎（图 3.5.8）。汽车轮胎有一定的寿命，当磨损到一定程度，必须进行更换，否则有爆胎的危险。现在，一般的汽车轮胎在台面的沟槽内有一个小突起，当轮胎磨损到凸起位置时，就需要更换了。但这个标志不明显，起不到提醒的作用，很多人经常忘记检查标志，有的人甚至不知道有这个凸起。如果利用颜色来提醒，就会达到较好的效果。在制作轮胎时，在胎面里面制作一层红色的胎面，轮胎外层是黑色的，当轮胎磨损到红色的胎面露出来时，说明轮胎需要更换了，从而起到很好的提醒作用。

图 3.5.8

2. 利用嗅觉和味觉——改变味道

世界各国的许多发明创造者对香味及其在发明创造中的应用做了广泛的研究，取得了多方面的成果，创造出许多种飘香溢味的新事物，如纽扣、墨水、纸张、风扇、项链、糨糊、跳棋、钟表、服装、火柴等。在医疗方面，美国研究出了香味疗法，创建了世界上第一家主要靠四季不断开放的鲜花治病的医院。

船底的藤壶常常影响船的行驶，怎样清除它们呢？科学家想到用杀虫剂清除它们，但杀虫剂有毒，会污染海洋。后来，科学家想出用辣椒赶走藤壶的主意。他们把一面涂满红辣椒的瓷砖扔进藤壶最猖獗的码头，结果涂了红辣椒的一面什么也没长，没涂的那面却长了很多藤壶。于是，科学家有了一项清除藤壶的新发

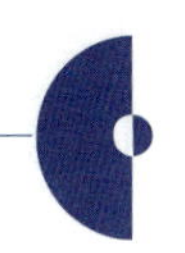

明——用红辣椒做成船底涂料，并把它命名为藤壶舟。

3. 利用触觉、听觉——音乐化设计

平时过生日，全家人都要聚在一起，喝点酒，举杯庆祝。为了使生日聚会气氛热烈，在杯把上装上触摸开关，只要举起杯子，电子音乐就会响起，全家人和着音乐一起唱“生日快乐歌”，多么有趣。

音乐化的设计分两类：一类是音乐化的产品，如音乐热水瓶、音乐伞、音乐楼梯、音乐牙刷、音乐花盆、音乐梳子等；另一类是音乐化的方法，如音乐养殖法、音乐捕鼠法、音乐捕鱼法、音乐医疗法、音乐胎教法、音乐教学法等。

音乐化设计可以从五个方面进行创新：

(1) 以各种事物做载体，提供悦耳动听的歌声乐曲，使人心情舒畅。例如，以手套做音乐的载体，在手套的手背部夹层中设置一个超薄型印刷电路板，其中包括发音片、水银电池、振荡集成电路等，手套各手指部均设有矽胶或塑胶碳膜开关。戴上这种手套，用手指按压实物就会发出乐声，而且具有不同音阶，可随时在物体上敲奏出各种旋律。

(2) 通过音乐代替某种信号或配合别的信号，传递某种消息或特定的指令。例如，钟表报时、广告宣传、压力升降、传递暗语、接近临界线、超过额定负荷等，都可利用某种特定的音乐声告诉人们。像美国的可口可乐广告瓶，你一打开瓶盖，瓶中就传出阵阵悠扬动听的音乐，可口可乐的形象使你难以忘怀。

(3) 利用音乐的多种奇异功能为人类服务。例如，许多国家在 20 世纪 50 年代就开始应用音乐治病。

(4) 借助音乐调节人的心理，以达到预期目的。例如，我国古代就把乐曲当作攻心战术使用，“四面楚歌”这一成语典故就是一个范例。

(5) 将噪音改变成乐音。例如，使机器发出的噪音变成易于被人们接受的乐音，使一串鞭炮爆响变成一曲音乐等。

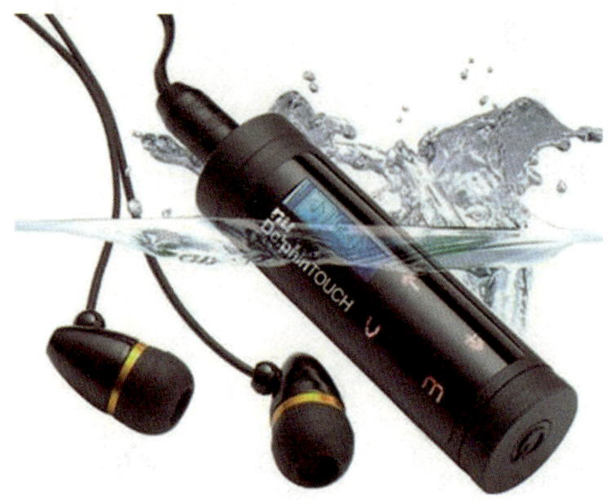

图 3.5.9

为了打发泡澡时的无聊，日本某公司推出了一款适合在浴室里使用的防水 MP3 播放器（图 3.5.9），这对于爱洗澡的日本人来说无疑是个不错的选择。这款播放器能够漂浮在水上工作，支持 MP3、WMA 等格式的音乐播放，此外还可以支持 FM 收音功能，提供的普通碱性电池则可进行 15 个小时的音乐播放。

图 3.5.10　盲人水杯

4. 感官补偿法

因为感官的功能并非无限，所以有时需要补偿。例如，口传音不够洪亮、不够遥远，而且转瞬即逝，于是人们发明了喇叭、麦克风、电话和录音机以补偿其功能。为了弥补肉眼视野的局限，人们发明了望远镜、电视、雷达等。人们还发明了放大镜、显微镜，帮助人眼“明察秋毫”。下面是利用感官补偿的一些案例。

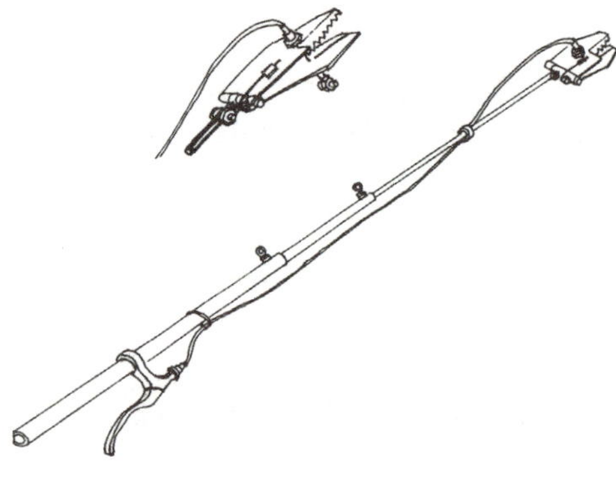

图 3.5.11　瓜果采摘器

盲人水杯（图 3.5.10）就是利用了盲人触觉补偿盲人视觉的发明原理。在水杯靠近把手的地方有一个圆筒，圆筒和水杯内部组成连通器。圆筒内有一浮球，盲人向水杯内倒水时把大拇指放到圆筒的顶端，随着杯内水面升高，圆筒内浮球上升，当盲人

图 3.5.12　手指印水杯

图 3.5.13　手指型托盘

的大拇指触碰到浮球时，意味着水杯的水满了。

瓜果采摘器（图 3.5.11）是利用增强人手的延伸作用发明的作品，人手长度延长了，就能够够到更高的树上的瓜果。本作品采用伸缩杆来控制长度，伸缩杆头部有剪刀，用手闸线控制剪刀的开合，来完成远距离瓜果的采摘。

手指印水杯（图 3.5.12）和手指型托盘（图 3.5.13）都是增强手指的力量、增大摩擦力，使水杯和托盘牢牢地被手抓住，采用的都是增强型感官补偿法。

讨论总结

掌握感官利用法，利用感官利用法发明两个创意，并向全班同学展示自己的创意。

第六节
专利利用法　微缩创造法

阅读导航：

1. 什么是专利利用法？如何使用专利利用法？

2. 什么是创新改变法？创新改变法的思考角度有哪些？

一、专利利用法

专利利用法就是研究别人的专利，并对其中的一部分加以改进，来进行发明创造的方法。

爱迪生一生约有2000项发明，绝大部分是利用专利利用法发明的，比如电灯的发明。可能很多人以为爱迪生发明了电灯，其实不是这样。电灯是英国人发明的，且已经申请了专利。爱迪生只是根据别人的专利改造了电灯的灯丝材料，使电灯的寿命延长了很多，让电灯从贵族走进了平民。我们了解一下电灯的发明历程。

1801年，英国化学家戴维将铂丝通电发光，并于1809年发明了世界上第一盏弧光灯——利用两根碳棒之间的电弧照明。但这种灯产生的光线太强，只能安装在街道或广场上，普通家庭无法使用。无数科学家为此绞尽脑汁，想制造一种价廉物美、经久耐用的家用电灯。1854年，亨利·戈培尔将一根炭化的竹丝放在真空玻璃瓶下，使其通电发光。1879年，美国发明家爱迪生通过长期反复试验，造出的炭化竹丝灯泡曾成功在实验室维持1 200小时，终于点燃了世界上第一盏有实用价值的电灯。

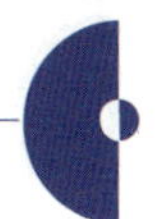

45 度锁页（图 3.6.1）就是利用专利利用法发明的。发明者通过研究原有锁页的专利发现，原有锁页有一定的缺点，当打开时横向延伸，容易挂到人的衣服，继而引发事故。经过研究发现，把锁页的合页改成 45 度角，这样当锁页在打开时，转动 90 度，正好竖向延伸，不单独占有空间，也就防止挂到人的衣服了。

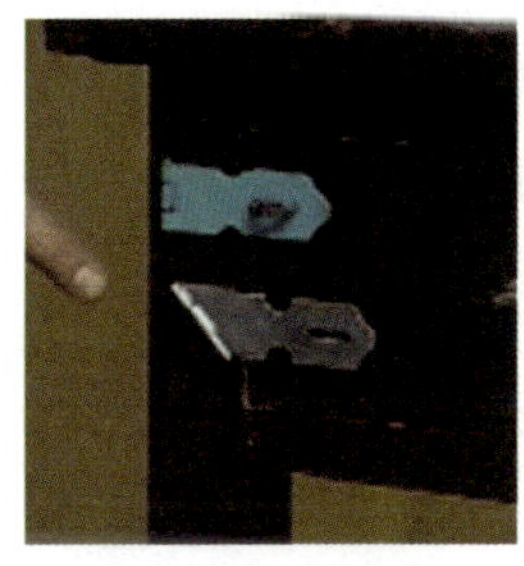

图 3.6.1

方便扳手（图 3.6.2）的发明也是如此。发明者通过对现有扳手专利的研究发现，当扳手在狭窄的地方使用时，需要不停地取下、重新插入，比较麻烦。通过思索，他把扳手口底部加宽，做成圆形，正好能够使扳口和螺母分离，扳手也能够自由旋转。使用时，用力拧螺母，向外拉一下，扳口卡住螺母旋转；当需要调整扳手位置时，不必取下扳手，而是向里推一下，让螺母落到扳口底部较宽的圆形部分，这样能够自由调整扳手位置；然后再向外拉一下扳手，扳口又和螺母卡到一起旋转，提高了工作效率。

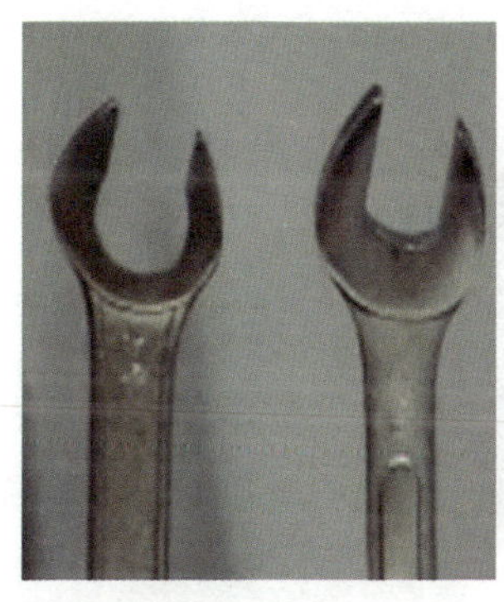

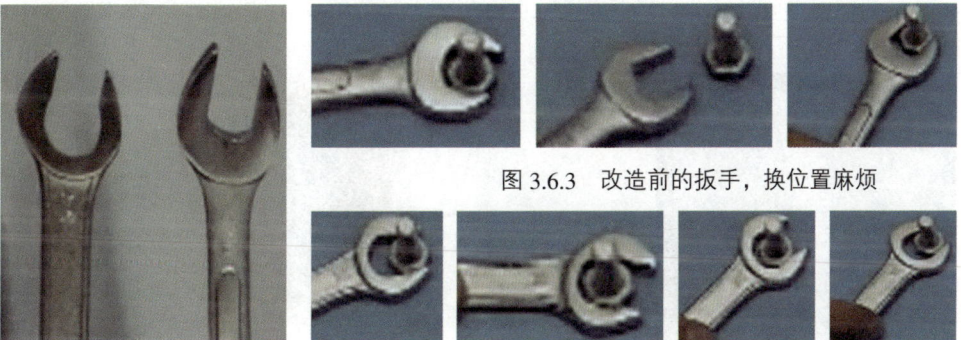

图 3.6.2

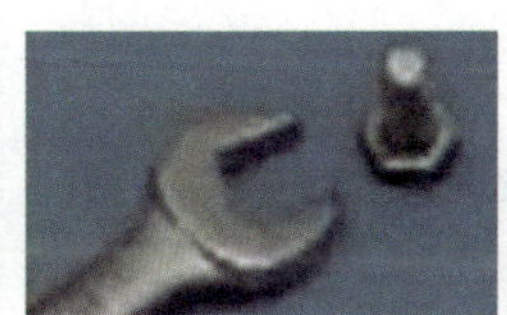
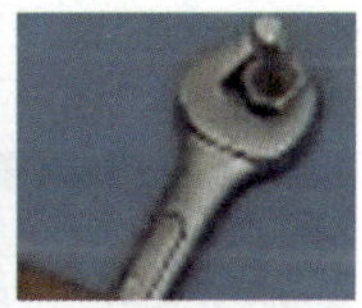

图 3.6.3　改造前的扳手，换位置麻烦

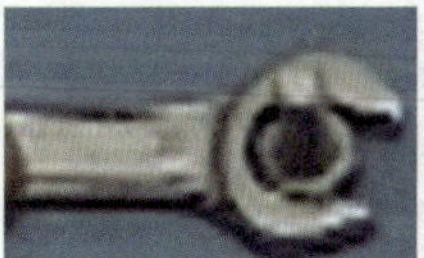

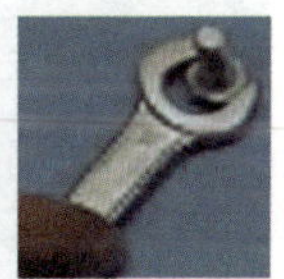

图 3.6.4　改造后的扳手，换位置方便

二、创新改变法

图 3.6.5

设法改变物体的质量、长度、大小、形状、材料、结构、内容、原理、成分等，以达到产生新的功能、新的作用的目的。

冬暖夏凉帽（图 3.6.5）就是在现有安全帽的基础上，改变结构，在帽顶处加入了一圈圈的软水管，通过更换水管中的热水和冷水实现加温和降温的目的。同时，水也有缓冲及安全保护作用。

带斜标刻度的水杯（图 3.6.6）。在实验室中，一般带刻度的量杯和量筒的刻度都是和底部平行的，正常盛液体时，能够通过刻度看清液体的量。但当我们倾倒液体时，特别是需要倾倒定量的液体时，无法实时通过刻度知道倾倒的液体的量，估计倒得差不多时，需要把杯子和量筒竖直，通过竖直的刻度来看是否达到定量，这样需要反复多次，有时还过量，非常不准确，也不方便。我们可以把刻度改变一下样子，把竖直的刻度向杯口斜着延伸，这样当我们倾倒液体时，就能够实时看到剩余液体的刻度，

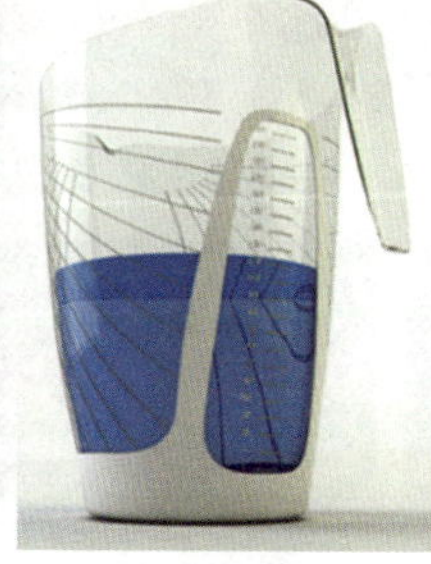

图 3.6.6

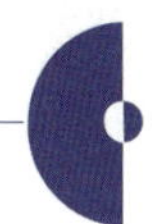

图 3.6.7

从而能够方便地精确控制倾倒液体的量。

鸡腿高跟鞋（图 3.6.7）。高跟鞋的后跟由于着地面积小，不稳定，容易倾斜，造成脚踝拧伤。可以把后跟的结构改造一下，变成鸡爪的三角支撑，这时后跟着地面积较大，非常稳定，质量又轻。

拐弯枪（图 3.6.8）。用枪射击时，由于枪是直的，枪口和射击人员的身体在一条直线上，要想射击敌人，射击人员的身体就暴露在敌人的枪口之下，容易被敌人射中。如果我们改变一下枪的结构，把前面的枪管改成弯的，这样枪托和枪口就不在一条直线上，射击人员的身体和枪口也不在一条直线上，射击人员就可以藏在掩体的后面，让枪口暴露出来，对准敌人，再加上带监视器的瞄准镜，就可以对敌人进行精准射击，保护自身的安全。在警察对付持枪歹徒时，这种枪特别管用。

图 3.6.8

三、微缩创造法

事物总是有大有小，事物的大小表现在各个方面：形状的大小、面积的大小、距离的大小、数量的大小、容量的大小、质量的大小、力度的大小、强度的大小等。事物总是在创造中发展、在发展中创造的。从小到大是事物发展的一面，从大到小是事物发展的另一面，如果能够基本保持某一事物的基本功能，同时缩小它的空间占有量，这种发明创造的思路叫微缩创造法。

微缩技术有深有浅，有些事物只有应用新技术、新工艺、新材料、最新科技成就方能实现微缩创造。微缩创造的思想能在很多领域得到应用。

微缩创造的应用要领：(1) 在基本保持原有功能的基础上，尽量缩小其体积。(2) 可以在不改变原有物体的基本原理或基本结构的基础上进行微缩，也可以完全改变原有物体的基本原理或基本结构进行微缩。(3) 在不同领域，充分利用最新的科技成果、新技术、新工艺、新材料实现微缩的目的。

从和教室一样大的计算机到掌上电脑，从课桌大小的收音机到笔式收音机，从砖头大小的大哥大到火柴盒式的手机，都是因为电子技术（集成电路）的飞速发展达到了微缩的目的。

图 3.6.9

保加利亚为了让机械适应小型的山地农田，专门为农民制造出微型拖拉机（图 3.6.9）。

俄罗斯科学家为了让野外的人也能用上电，使用微缩创造法，发明了一种能放在背包里的水电站，功率为 500 瓦。

微缩折叠餐桌（图 3.6.10），合起来就是一本大点的书，扯开就是一个

图 3.6.10

微型餐桌，方便在野外、汽车上等使用。

四、观察发现创造法

仔细观察、认真思考、善于发现是一个发明人必须具备的素质。科学上的很多发现都是仔细观察、认真思考的结果，比如青霉素的发现。青霉素的发现者是英国细菌学家弗莱明。1928 年的一天，弗莱明在一间简陋的实验室里研究导致人体发热的葡萄球菌。由于盖子没有盖好，他发觉培养细菌用的琼脂上附了一层青霉菌，这是从楼上的一位研究青霉菌的学者的窗口飘落进来的。使弗莱明感到惊讶的是，在青霉菌的近旁，葡萄球菌忽然不见了。这个偶然的发现深深吸引了他，他设法培养了这种霉菌并进行了多次实验，证明青霉素可以在几小时内将葡萄球菌全部杀死。弗莱明据此发明了葡萄球菌的克星——青霉素。

雨衣的发明也是仔细观察的结果。割树胶的工人，衣服不小心被树胶污染了，在一天下雨时，发现粘上树胶的衣服淋不湿，于是就发明了雨衣。

世界上第一家干洗店也是通过仔细观察发明了衣服干洗的方法。一家洗衣店的工作人员在洗衣服时不小心把松节油洒到了一位顾客要洗的衣服上，他非常害怕，怕赔不起，只好先放在一边。过了一天，他拿出来一看，被松节油污染的地方反而十分干净，于是发明了干洗衣服的方法。

蜂窝煤的发明也是仔细观察的结果。发明者郭文德注意到一些市民夜晚将炉火封住时，用火钳在煤球中间扎个小孔，可以使炉火一夜不灭，由此他发明了蜂窝煤。

北京臭豆腐的由来也是如此。清朝康熙年间，从安徽来京赶考的王致和金榜落第，闲居在会馆中，想回家，盘缠没有了，想在京攻读准备再次应试，又距下次科试期太远。无奈之下，他只得在京暂谋生计。王致和幼年曾学过做豆腐，他就在安徽会馆附近租赁了几间房，购置了一些简单的用具，每天磨上几升豆子的豆腐，沿街叫卖。时值夏季，有时卖剩下的豆腐很快发霉，无法食用，废弃又觉得可惜。他苦苦思索终于想出了对策：将这些豆腐切成小块，稍加晾晒，找到一口小缸，用盐腌了起来。秋天到了，王致和蓦地想起那缸腌制的豆腐，赶忙打开缸盖，一股臭气扑鼻而来，取出一看，豆腐已呈青灰色，品尝后觉得臭味之余却蕴藏着一股浓郁的香气。他送给邻里品尝，大家都称赞不已。最后王致和弃学经商，按过去试做的方法加工起臭豆腐来，生意日渐兴隆。

微波炉的发明也是仔细观察的结果。1945 年，美国的培西·史宾塞在研究军用雷达磁控管时发现，放在口袋中的巧克力经常无缘无故地融化。经过仔细观察他发现，只要他靠近磁控管，过上一会儿，巧克力就会融化，于是他想到这一定和磁控管发射的微波有关。经过反复试验，他发明了微波炉。

讨论总结

思索如何利用专利法、创新改变法、微缩法、观察法来改变身边的事物，书写几份创意，并和同学进行交流。

第四章

初识 TRIZ 理论

土地爷的哲学

这是一个神话故事：有一次土地爷外出，临行前嘱咐他的儿子在土地庙当值，并且一定要把祈祷者的话记下来。他走后，前后来了四个祈祷者：一个船夫祈祷快刮风，以便乘风远航；一个果农祈祷别刮风，以免把快熟的果子给刮下来；一个种地的农民祈祷赶紧下雨，以免耽误播种的季节；一个商人祈祷别下雨，以便趁着好天气带着大量的货物赶路。这下土地爷的儿子犯难了，他不知该怎么办才能满足这些人彼此不同的要求，只好把所有祈祷者的话记了下来。

土地爷回来后，看到儿子的记录哈哈一笑，提笔在上面批了四句话：刮风莫到果树园，刮风河边好行船；白天天晴好走路，夜晚下雨润良田。如此一来，四个不同的祈祷者都如愿以偿，皆大欢喜。其实，土地爷前两句说的是风的空间分离，后两句说的是雨的时间分离。这些都是本章 TRIZ 理论中的内容。

TRIZ 理论简介

Teoriya Resheniya Izobreatatelskikh Zadatch，缩写为 TRIZ ，其意为“发明问题的解决理论”。 TRIZ 理论是苏联根里奇·阿奇舒勒及其领导的一批研究人员，自1946年开始，花费大量人力、物力，在分析研究了世界各国250万件专利的基础上，所提出的发明问题解决理论。阿奇舒勒从一开始就坚信，发明问题的基本原理是客观存在的，这些原理不仅能被确认也能被整理而形成一种理论，掌握该理论的人不仅能提高发明的成功率、缩短发明的周期，也可使发明问题具有可预见性。

作为专门研究创新设计的理论，TRIZ 已建立起一系列具有普通实用性的工具，帮助设计者尽快获得满意的领域解。TRIZ 作为解决技术问题或发明问题的一种强有力方法，并不是针对某个具体的机构、机械或过程，而是要建立解决问题的模型及指明问题解决对策的探索方向。TRIZ 的原理、算法也不局限于任何特定的应用领域，它指导人们创造性地解决问题并提供科学的方法、法则。因此，TRIZ 可以广泛应用于各个领域，创造性地解决问题。

TRIZ 理论的核心思想主要体现在三个方面。首先，无论是一个简单的产品还是复杂的技术系统，其核心技术的发展都是遵循着客观的规律发展演变的，即具有客观的进化规律和模式；其次，各种技术难题和矛盾的不断解决是推动这种进化过程的动力；第三，技术系统发展的理想状态是用最少的资源实现最大效益的功能。

相对于传统的创新方法，TRIZ 理论具有鲜明的特点和优势。它成功地揭示了创造发明的内在规律和原理，快速确认和解决系统中存在的矛盾，而且它是在技术的发展进化规律及整个产品发展过程的基础上运行的。因此，运用 TRIZ 理论可大大加快发明创造的进程，提高产品创新速度。具体来说，它可以帮助我们：对问题情境进行系统的分析，快速发现问题本

质，准确定义创新性问题和矛盾；对创新性问题或矛盾提供更合理的解决方案和更好的创意；打破思维定式，激发创新思维，从更广的视角看待问题；基于技术系统进化规律准确确定探索方向，预测未来发展趋势，开发新产品；打破知识领域界限，实现技术突破。

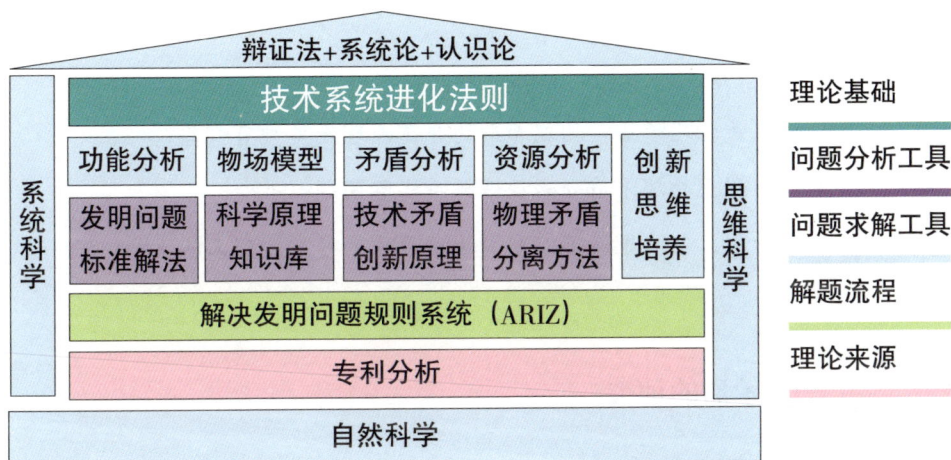

辩证法+系统论+认识论

技术系统进化法则

功能分析 | 物场模型 | 矛盾分析 | 资源分析

发明问题标准解法 | 科学原理知识库 | 技术矛盾创新原理 | 物理矛盾分离方法

创新思维培养

系统科学

思维科学

解决发明问题规则系统（ARIZ）

专利分析

自然科学

理论基础

问题分析工具

问题求解工具

解题流程

理论来源

第一节
TRIZ 的物理矛盾分离原理

阅读导航：

1. 什么是物理矛盾？物理矛盾的分离原理及类型有哪些？

2. 如何利用物理矛盾分离原理解决实际问题？

3. 生活中，哪些事情可以利用物理矛盾的分离原理来解决？

一、矛盾的种类

TRIZ 把工程中所出现的种种矛盾归结为三类：一类是物理矛盾，一类是技术矛盾，一类是管理矛盾。通俗来讲，物理矛盾就是指系统（系统是指机器、设备、材料、仪器等的统称）中的问题是由 1 个参数导致的，其中的矛盾是：系统一方面要求该参数正向发展，另一方面要求该参数负向发展。技术矛盾就是指系统中的问题是由 2 个参数导致的，2 个参数相互促进、相互制约。管理矛盾是指子系统之间产生的相互影响。

TRIZ 理论中，当系统要求一个参数向相反方向变化时，就构成了物理矛盾。例如，系统要求温度既要升高，也要降低；质量既要增大，也要减小；缝隙既要窄，也要宽等。这种矛盾的说法看起来也许会觉得荒唐，但事实上在多数工作中都存在这样的矛盾。

例：现在的手机要求整体体积设计得越小越好，便于携带，同时又要求显示屏和键盘设计得越大越好，便于观看和操作，所以对手机的体积设计要求具有大、小两个方面的趋势，这就是手机设计的物理矛盾。

二、分离原理

相对于技术矛盾，物理矛盾是一种更尖锐的矛盾，在创新过程中需要加以解决。物理矛盾所存在的子系统就是系统的关键子系统，系统或关键子系统应该具有满足某个需求的参数特性，但另一个需求要求系统或关键子系统又不能具有这样的参数特性。分离原理是阿奇舒勒针对物理矛盾的解决而提出的，分离方法共有 11 种，归纳概括为四大分离原理，分别是空间分离、时间分离、居于条件的分离和系统级别分离，如图 4.1.1 所示。

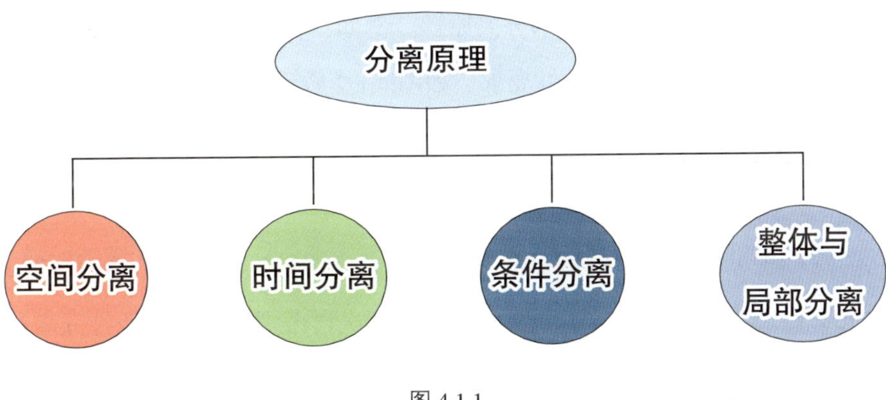

图 4.1.1

1. 空间分离：将矛盾双方在不同的空间分离，以降低解决问题的难度。当系统矛盾双方在某一空间出现一方时，空间分离是可能的，可以采用空间分离原理。例如：测量海底时，将声呐探测器与船体空间分离，用以防止干扰，提高测试精度。

2. 时间分离：将矛盾双方在不同的时间分离，以降低解决问题的难度。当系统矛盾双方在某一时间内只出现一方时，时间分离是可能的，可以采用时间分离原理。例如：将飞机机翼设计成可调的活动机翼，以适应在飞行过程中各个时间段的不同要求。

3. 条件分离：将矛盾双方在不同的条件下分离，以降低解决问题的难

图 4.1.2

度。当系统矛盾双方在某一条件下只出现一方时，可以采用条件分离。例如：将水射流条件分离，给予不同的射流速度和压力，即可获得“软”的或“硬”的不同用途的射流，用于洗澡按摩，或用作加工手段或武器。

4. 整体与局部分离：将矛盾双方在不同的层次下分离，以降低解决问题的难度。当系统矛盾双方在系统层次只出现一方时，整体与部分分离是可能的，可以采用整体与局部分离原理。例如：自行车链条从局部看满足刚性要求，从整体看满足柔性要求，如图 4.1.2 所示。

三、分离原理的应用步骤

这四种分离原理，空间分离和时间分离应用最广。我们考虑问题时，首先要考虑能否用空间分离和时间分离，其次再考虑是否能用条件分离和系统分离。分离原理的应用可采取三步法。

1. 定义物理矛盾

首先确定问题中的物理参数，并分析出相反的两个要求：要求 1 和要求 2。如图 4.1.3 所示。

1：定义物理矛盾

参数：

要求 1：__________

要求 2：__________

图 4.1.3

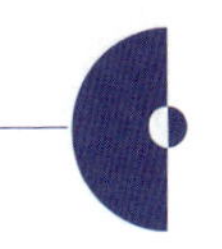

2：如果想实现技术系统的理想状态，这个参数的不同要求应该在什么空间（时间）得以实现？

空间（时间）1：________________

空间（时间）2：________________

3：以上两个空间（时间）是否交叉？

否□ 应用空间分离或时间分离

是□ 尝试条件分离和系统分离

图 4.1.4

2. 分析参数的两个相反要求是否可以存在于不同的空间或时间段中。

3. 如果空间或时间不冲突，就采用空间分离或时间分离；如果冲突，就尝试条件分离和系统分离。如图 4.1.4 所示。

四、矛盾分离原理的综合应用

1. 解决十字路口的交通问题

我们以交通为例，对物理矛盾分离原理进行阐述。我们用物理矛盾分离原理来寻找解决十字路口车辆通过情况的规则。

首先，使用时间分离方法，即在十字路口设置红绿灯，把不同方向的车流进行时间分离，可以解决问题。

其次，使用空间分离方法，即在十字路口架设立交桥，把不同方向的车流进行上下空间分离，也可以解决问题。

再次，使用条件分离方法，即在十字路口设置大转盘，规定行走方向和通行条件，所有车辆逆时针绕转盘旋转后，再进入自己的车道，避免了对向行驶，也可以解决问题。

最后，使用系统分离方法，即把十字路口系统拆分为两个丁字路口的子系统，避免了车辆对向行驶，也可以一定程度地解决问题。

2. 萝卜与白菜问题的解决

在本书第二章中有一个白菜与萝卜的故事，我们也列出了几种解决方案，实际上它就是一个典型的可以利用物理矛盾的分离原理来寻找完美解决方案的例子。故事中白菜和萝卜的种植面积同时要求既大又小，这是典型的物理矛盾，可以尝试利用分离原理来解决。首先考虑能否利用时间分离来解决，先种白菜或者萝卜，收获后，再种另一种。这种方案不能解决问题，因为要求萝卜和白菜同时种。再考虑空间分离，左右分离，间行种或者分半种，这种方案也不行，因为都只种了一半。上下分离，倒是可以考虑，但是不能增加种植面积，需要有条件，那就再加上条件分离，白菜与萝卜在特定条件下的特性有区别吗？仔细一想，有区别。白菜吃的是叶子，地上的部分，萝卜吃的是根，地下的部分，可以进行有条件的上下空间分离，即发明一种植物，上面长的是白菜，下面长的是萝卜，就可以完美解决这个问题。

3. 洒水除尘问题的解决

我们来看一个日照港除尘清理机喷水的例子：

日照港除尘清理机问题

日照港每年都有大量的煤炭进出，因此港口经常被煤炭的灰尘笼罩。日照港也引进了洒水除尘机，但除尘效果并不明显，而且水的浪费严重，地面也变得湿滑，引发了一系列问题。洒水除尘机如果洒的水珠大，和灰尘结合的效果不好，水的浪费就会很严重，地面积水也过多、湿滑，但大水珠能把灰尘压到地面。洒水除尘机如果洒的水珠小，和灰尘能充分结合，但由于太轻，会长时间悬浮在空中，造成污染不好清除。请想个方案，解决以上问题。

问题分析：这种要求水珠既大又小的问题是物理矛盾，可用分离方法解决。首先考虑能否用时间分离法，先喷小水珠再喷大水珠，操作较复杂，效果也很难掌控。再考虑用空间分离法，因水珠是圆锥体，可考虑内外空间分离：里面是小水珠，外面一层是大水珠，这样小水珠和灰尘充分混合后，马上被大水珠压到地面，效果很好，且能最大程度地节约用水。如图 4.1.5 所示。

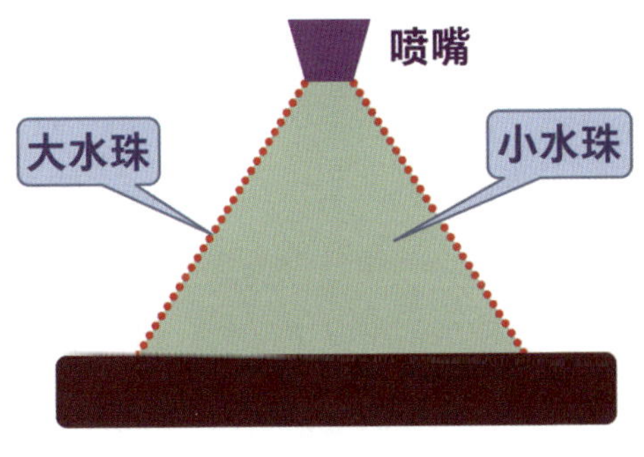

图 4.1.5

物理矛盾的分离原理在日常生产、生活中有很广泛的应用，大家可以认真思考，利用这个工具来解决棘手的物理矛盾。

4. 小区道路问题的解决

小区的道路

在城市的各个小区中，都有很多车辆行驶在小区道路上，特别是开放性小区中，也有很多社会车辆穿行于小区的道路上。小区中的道路上行人较多，特别是玩耍的孩子较多，这就要求在小区内道路上缓慢行驶，但由于许多司机缺乏自觉性，行车速度较快，这就隐藏着安全隐患。什么样的道路能够让司机降低车速呢？许多小区设置减速带，但效果不好，对车辆也有损坏。“S”形道路、坑洼不平的道路都能使司机主动降低车速，但对小区居民来说不方便，改造成本较高，甚至有的小区没有条件这样改造。这就造成了一对矛盾，一方面为使司机主动减速需要使道路弯曲或者不平，另一方面为了生活方便不能让道路弯曲和不平。聪明的你，

图 4.1.6

能够设计一个方案同时满足这两种矛盾的需求吗?

小区的道路问题可以利用物理矛盾的分离原理来解决，道路既要弯也要直，既要平也要不平，这就是一对不可调和的物理矛盾。我们采用分离原理——条件分离原理，即视觉和实际分离，只要让司机的视觉认为道路是弯的或者是不平的，司机就会主动降速，实际上道路是直的或者是平的。即让司机产生错觉，不敢快速行驶，这样就可以做到一举两得，但需要在道路视觉上做好设计。图 4.1.6 是道路看起来凹凸不平的视觉设计方案。

讨论总结

总结物理矛盾的分离原理的类型及适用条件。

第二节
TRIZ 的技术进化法则

阅读导航：

1. 技术的生命周期是什么？
2. 技术的 8 大进化法则是什么？
3. 如何树立技术进化的理念？

我们先看一个电脑键盘发展的例子，从一开始的刚性键盘到虚拟键盘，经历了一系列的发展阶段，如图 4.2.1 所示。

刚性键盘

多折键盘

折叠键盘

分离键盘

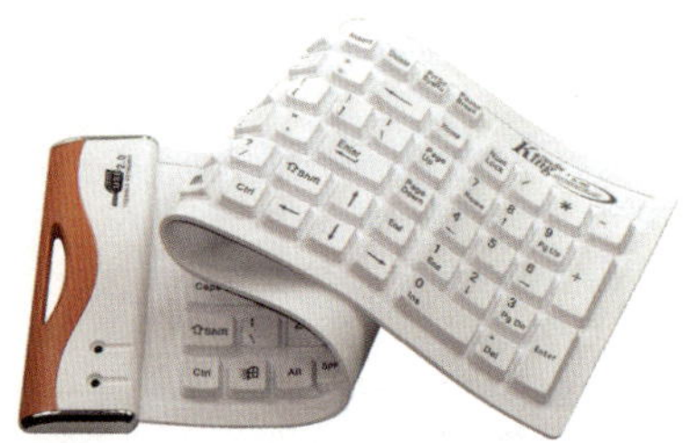

柔性键盘

触摸屏键盘

虚拟键盘

图 4.2.1

在 TRIZ 理论的技术进化法则中，有一条进化法则叫动态性进化法则，其中有一个进化方向叫增加结构柔性进化方向，具体方向是：刚体—单铰链—多铰链—柔性体—液体/气体—场，如图 4.2.2 所示。键盘的发展历程正是符合这个技术进化的方向。

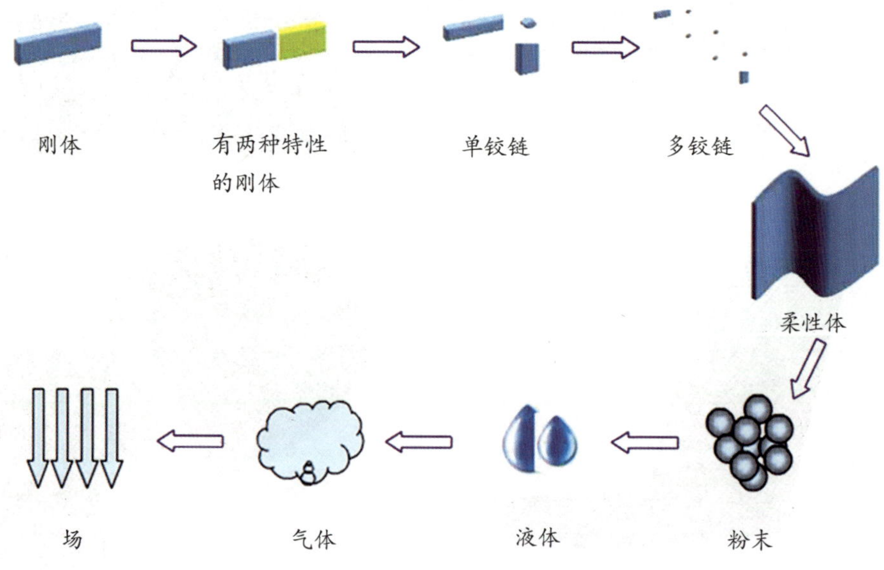

图 4.2.2

相似的例子还有尺子的进化：直尺—折叠尺—钢卷尺—激光尺，如图 4.2.3 所示。

图 4.2.3

刀子的进化：钢刀—剪刀—省力剪刀—线切割机床—水切割—激光切割，如图 4.2.4 所示。

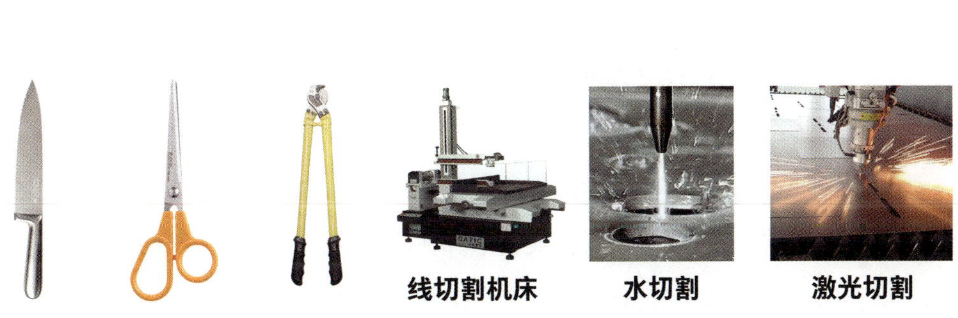

图 4.2.4

牙刷的进化：直牙刷—折叠牙刷—清口片—清口液—震荡牙刷，如图4.2.5所示。

图 4.2.5

一、技术系统的进化规律

技术系统进化论属于TRIZ的基础理论，技术系统进化论的主要观点是：科技产品的进化并不是随意的，也同样遵循着一定的客观规律和模式。所有技术的创造与升级都是向最强大的功能发展的。

阿奇舒勒通过对大量的发明专利进行分析发现，所有产品向最先进的功能进化时，都有一条“小路”引领着它前进。这条“小路”就是进化过程中的规律，用图例表示出来就是一条“S”形的“小路”，即所谓的“S”曲线。任何一种产品、工艺或技术都在随着时间向着更高级的方向发展和进化，并且它们的进化过程都会经历相同的几个阶段。试想，我们平日里用的手机，如果没有引入“红外”“蓝牙”“MP3”等新技术，而是一直

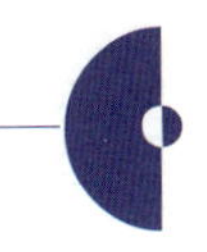

停留在只有“通话”功能的水平上，那就必然不会带动产品的进化与升级，也就不会有高利润的效益。

图 4.2.6 所示就是“S”曲线。它描述了一个技术系统的完整生命周期。其横轴表示时间，纵轴表示技术系统的性能参数。其发展过程经历了 4 个阶段，分别是诞生期（幼年期）、成长期（快速发展期）、成熟期、衰退期（老年期）。

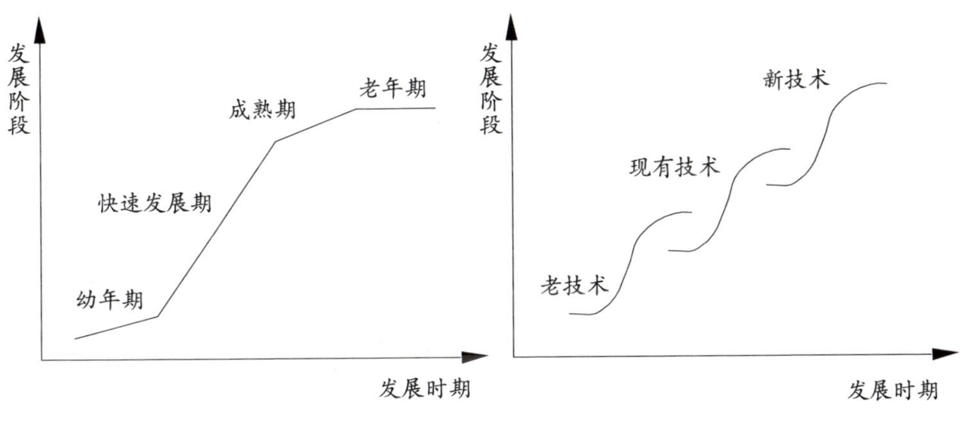

图 4.2.6

二、TRIZ 中的技术进化法则

技术系统由多个子系统组成，子系统由元件和操作构成。系统的更高级系统称为超系统。技术系统进化指实现系统功能的技术从低级向高级变化的过程。TRIZ 中的技术进化经历了四个阶段，有八大法则、百余条路线。下面，我们介绍技术进化的八大法则。

法则 1：完备性法则

一个完整的技术系统包含动力装置、传输装置、执行装置和控制装置四个部件，如图 4.2.7 所示。

比如：帆船完成货物运输功能的系统结构，如图 4.2.8 所示。

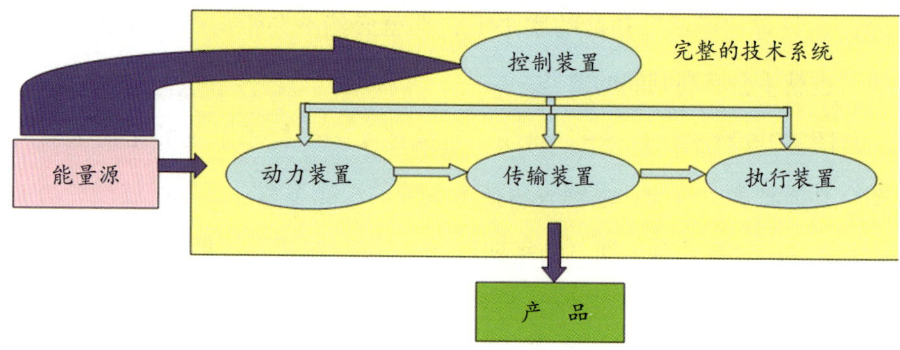

图 4.2.7

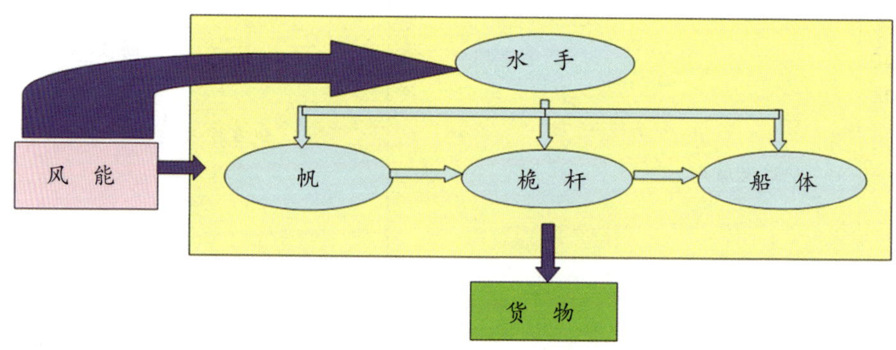

图 4.2.8

法则 2：能量传递法则

(1) 必须保证能量能从能量源流向技术系统的所有元件。比如：尽管收音机内各子系统工作都正常，但在汽车（金属屏蔽的环境）中收音机电台传导的能量源受阻，导致不能正常收听广播。在汽车外加一根天线，问题就解决了。

(2) 向能使能量流动的路径缩短的方向发展，以减少能量损失。比如：绞肉机替代菜刀，是旋转运动替代刀的垂直运动，能量传递路径缩短，能量损失减少，同时提高了效率。

法则 3：动态性进化法则

技术系统的进化应沿着增加结构柔软性、可移动性、可控性的方向发展，以适应环境状况或执行方式的变化。

柔软性：物体遵循刚体—单绞链—多绞链—柔性体—液体/气体—场的技术发展路线。前文中我们列举了键盘、尺子、刀子和牙膏的技术发展路线的例子。

可移动性：物体遵循四腿椅—转椅—滚轮椅的技术发展路线。

可控性：物体遵循手动调焦—通过按钮调焦—自动调焦—感应光线调焦的技术发展路线。

法则 4：提高理想度法则

技术系统沿着提高理想度、向最理想系统的方向进化，代表着所有技术系统进化法则的最终方向。理想化意味着：系统的质量、尺寸、能量消耗趋向 0，实现的功能数量趋向 ∞。

比如：第一台计算机的体积达 90 多立方米，质量达数吨，实现的功能只有计算。现代计算机体积小于 0.005 立方米，质量小于 1000 克，实现的功能有上千种，包括计算、绘图、通信、多媒体等。

法则 5：子系统不均衡进化法则

任何技术系统所包含的子系统都不是同步、均衡进化的，每个子系统都是沿自己的“S”曲线向前发展。不均衡的进化经常会导致子系统之间的矛盾出现。整个技术系统的进化速度取决于系统中发展最慢的子系统的进化速度。

比如自行车的进化，起先，脚蹬子直接安装在前轮上，如图 4.2.9 所

图 4.2.9

图 4.2.10

示，自行车速度与前轮直径成正比。为提高速度，人们着眼于增加前轮直径。随着前后轮尺寸差异的加大，自行车的稳定性变得很差，于是人们开始研究自行车的传动系统，在自行车上装上了链条和链轮，如图 4.2.10 所示。

法则 6：向超系统进化法则

技术系统沿着单系统→双系统→多系统的方向发展。进化到极限时，实现某项功能的子系统会从系统中剥离，转移至超系统，作为超系统的一部分。在该子系统的功能得到增强改进的同时，也简化了原有的技术系统。

比如：飞机在长距离飞行时，需要在飞行中加油。最初：燃油箱是飞机的一个子系统；进化后：燃油箱脱离了飞机，进化至超系统，以空中加油机的形式给飞机加油。飞机系统简化，不必再随身携带庞大的燃油箱。

法则 7：向微观进化法则

沿着减小其元件尺寸的方向发展，从最初的尺寸向原子、基本粒子的尺寸进化，同时能够更好地实现相同的功能。

比如：电子元件的进化就是沿电子真空管→晶体管→集成电路→超大规模集成电路→光子计算机→量子计算机的方向发展，如图 4.2.11 所示。

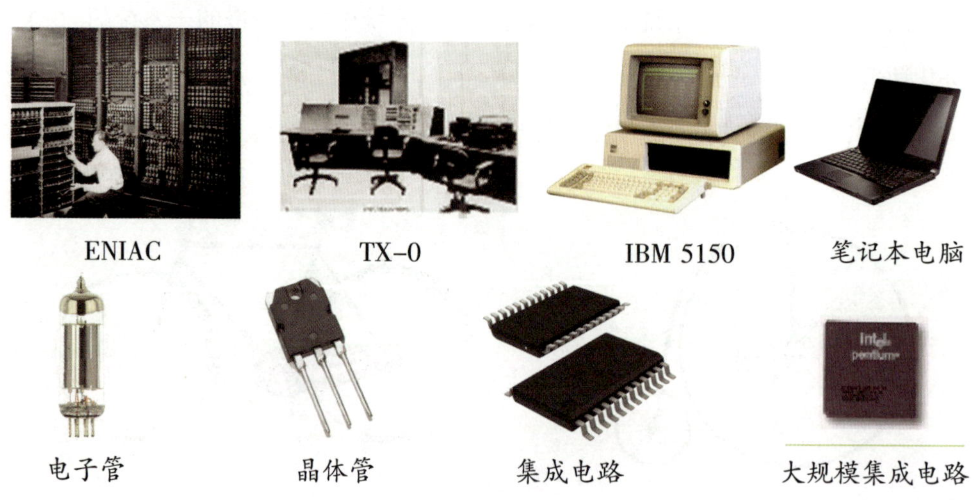

图 4.2.11

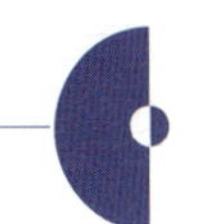

法则 8：协调性法则

技术系统的进化是沿着各个子系统相互之间更协调的方向发展，即系统的各个部件在保持协调的前提下，充分发挥各自的功能。表现在：结构上的协调，各性能参数的协调，工作节奏/频率上的协调。

结构上的协调。比如：早期的积木只能摞、搭，现代的积木可自由组合、随意插合成不同的形状。

各性能参数的协调。比如：网球拍需要考虑两个性能参数的协调，将球拍整体质量降低，以提高其灵活性，同时增加球拍头部质量，以保证产生更大的挥拍力量。

工作节奏/频率上的协调。比如：为提高混凝土强度，建筑工人在浇注施工中，一面灌混凝土，一面用振荡器进行振荡，以确保混凝土的密实。

以上技术的进化法则在技术发展的不同阶段有不同的侧重，它们的关系如图 4.2.12 所示。

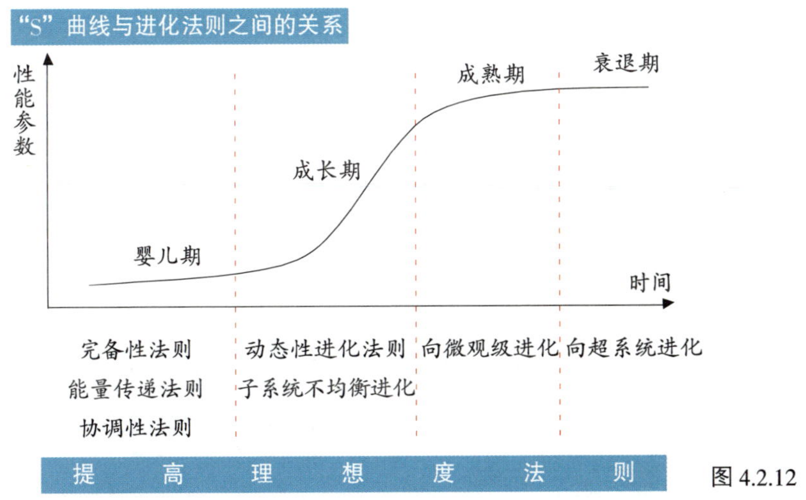

图 4.2.12

讨论总结

从现实中寻找符合技术进化的实例，并利用技术进化的法则改造一个物体，产生一个创意。

第三节
TRIZ 的物场模型分析

阅读导航：

1. 什么是物场模型？
2. 利用物场模型方法分析实际问题的步骤有哪些？
3. 物场模型的标准解有哪些？

我们先提出三个日常生活中的问题，通过这三个问题的解决来体验TRIZ 的物场模型分析方法。

第一个问题：自从蒸汽机车发明之后，人们越来越追求其速度的提升。机车要有高速度，必须行驶在钢轨上，但是机车的轮子和钢轨之间却有摩擦力，虽然研究者们不断进行材料和技术的革新，但一直存在的摩擦力却阻碍了机车速度的进一步提升。速度和能量的损失是问题，我们需要一个方案来解决。

第二个问题：夏天，蚊子和苍蝇经常到房间内来扰乱人们的生活，许多人设置了纱窗和纱门来阻挡它们的入侵。由于人经常从纱门进出，纱门必须经常开合，如果纱门不能及时紧密闭合，苍蝇和蚊子就会乘虚而入。我们需要一个方案来解决这个问题。

第三个问题：一个猎人扛着猎枪，带着一只猎狗去打猎。猎狗看到一只兔子出现，就开始追逐兔子，追着追着，兔子突然跳入一片灌木丛中不见了，这时却突然跳出一只大野猪。猎狗停下来，和野猪四目相对，各自严密戒备对方。此时，猎狗离主人非常遥远，猎人听不到猎狗的叫声，猎狗也不敢叫，以防触怒野猪，葬身草丛。这时，猎狗如何通知主人到来，让主人用猎枪打死野猪呢？如图 4.3.1 所示。

图 4.3.1

这三个问题看似风马牛不相及，没有任何关系，为什么放在一起解决呢？因为它们虽然不相干，但解决的方法都是一样的，即利用物场分析模型的标准解来解决。

一、TRIZ 的解题模式

物场模型是 TRIZ 理论中重要的问题描述和分析工具，是用以建立与已经存在的系统或新技术系统问题相联系的功能模型。在解决问题的过程中，可以根据物场模型分析，来查找相对应的问题的标准解法和一般解法。

如何利用物场模型来解决问题呢？我们先举一个数学方面的例子。比如：如何求方程 $3x^2+5x+2=0$ 的解，我们是用代入法一个解一个解地试错吗？显然不是，这种办法的效率太低了。在数学课本中，是先总结出这种类型的标准方程 $ax^2+bx+c=0$，然后对标准方程给出标准解：$x=(-b\pm\sqrt{b^2-4ac})/2a$，我们把特殊方程的参数代入标准解就可以得到具体的解，如图 4.3.2 所示。

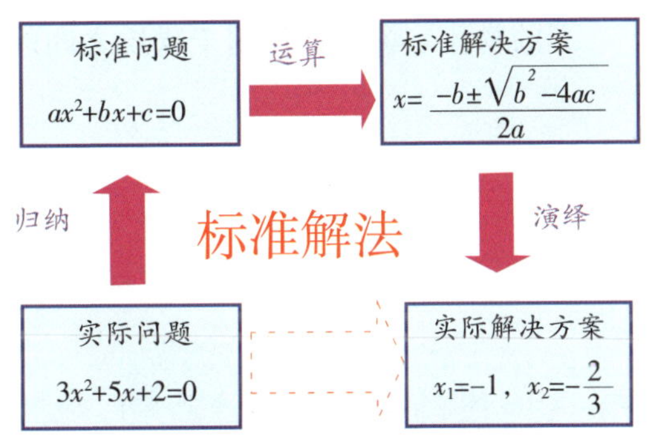

图 4.3.2

利用物场模型来解决具体问题也是一样的思路。首先我们把待解决的问题转化为标准问题即物场模

TRIZ 的解题模式

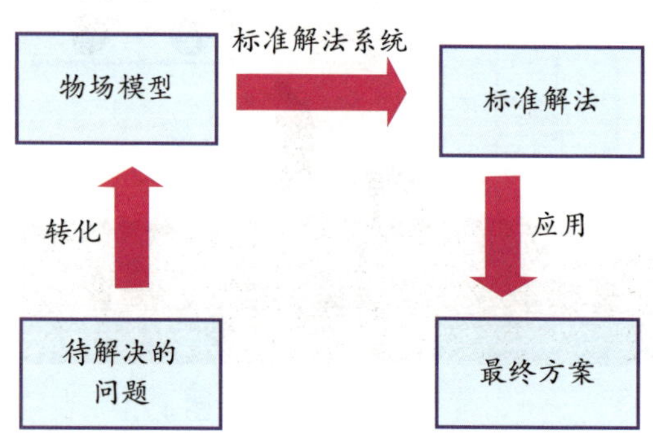

图 4.3.3

型，然后找到标准问题的标准解法，根据标准解法的指导，和实际问题相结合，找到解决实际问题的最终方案，如图 4.3.3 所示。

二、物场模型的概念

在 TRIZ 理论中，技术系统中最小的单元由两个元素以及两个元素间传递的能量组成，以执行一个功能。阿奇舒勒把功能定义为两个物质（元素）与作用于它们中的场（能量）之间的交互作用，也即物质 S_2 通过能量 F 作用于物质 S_1，产生的输出（功能）。所谓功能，是指系统的输出与系统的输入之间的正常的、期望存在的关系。如图 4.3.4 所示。

物场是指物质与物质之间相互作用和相互影响的一种联系。物场分析法的原理为：所有的功能都可分解为两种物质及一种场，即一种功能由两种物质及一种场的三元件组成，如图 4.3.5 所示。图中 S_1 是系统动作的接受者，S_2 是工具，F 是场，它通过 S_2 作用于 S_1。

物质是指某种物体或过程，可以是整个系统，也可以是子系统或单个的物体。场是指作用于物质之间的互相作用、相互控制所必需的能量类

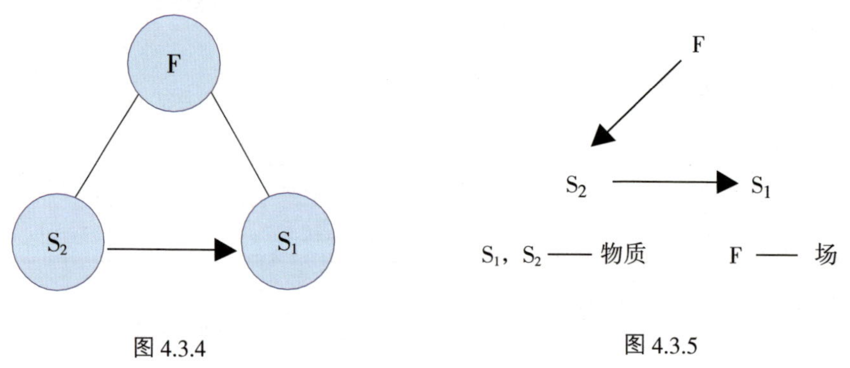

图 4.3.4

图 4.3.5

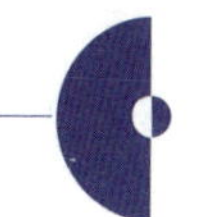

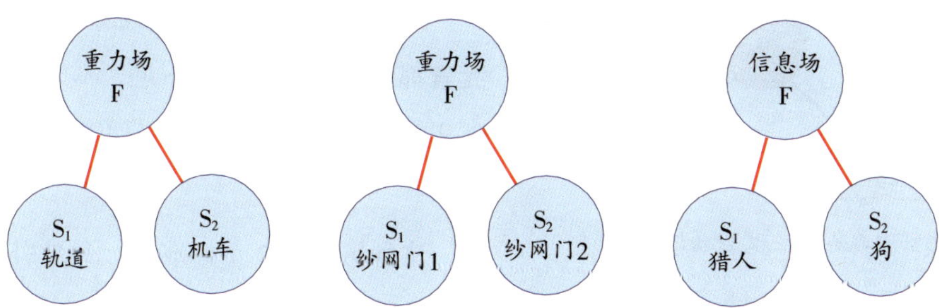

图 4.3.6

型，其通常是一些能量形式，包括电磁场、重力场、强或弱的核反应等物理场，也可以指热能、化学能、机械能、声能、光能等。

我们把上面的三个问题都具体到物场模型。第一个问题中的物场模型是：两个物质 S_1 是轨道，S_2 是机车，场 F 是机车和钢轨之间的重力场。第二个问题中的物场模型是：两个物质 S_1 是纱网门 1，S_2 是纱网门 2，场 F 是纱网门之间的重力场。第三个问题中的物场模型是：两个物质 S_1 是猎人，S_2 是狗，场 F 是猎人和狗之间的信息场。如图 4.3.6 所示。

三、TRIZ 物场模型的种类

TRIZ 理论将物场模型分为四类：

1.有效完整模型：功能的 3 个元素都存在且有效，是设计者追求的目标。

2.不完整模型：功能的 3 个元素不同时存在，可能缺少场，也可能缺少物质。如图 4.3.7 所示。

需要的效果没有产生，表示模型缺少一至两个组件

图 4.3.7

这种情况有 1 个标准解，即增加需要的组件，使模型完善即可解决问题。如图 4.3.8 所示。

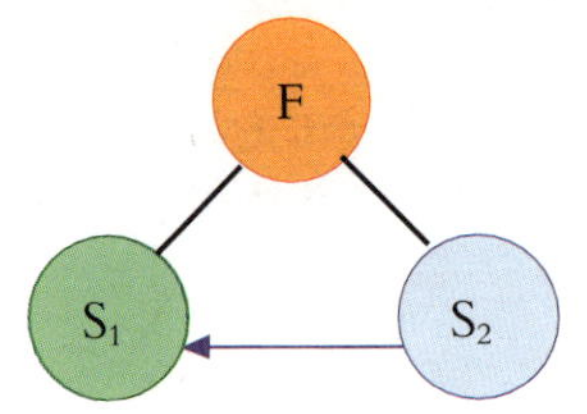

增加需要的组件，完成物场三角形

图 4.3.8

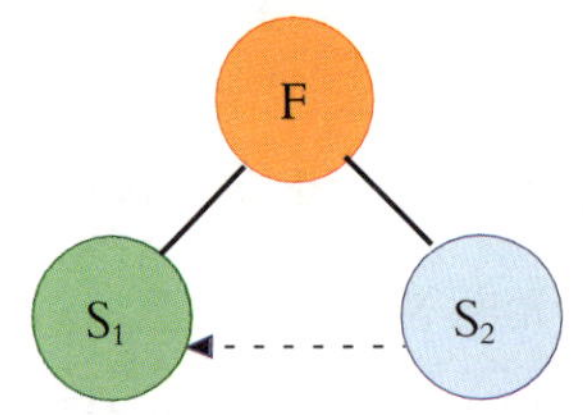

模型的三个组件都在，但是需要的效果不足

图 4.3.9

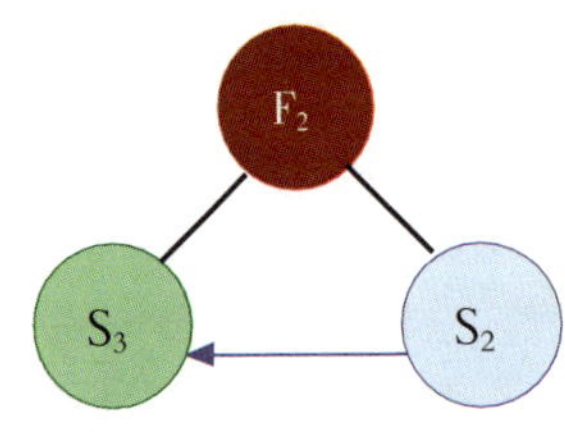

改用新的场(F_2)或场和物质(F_2+S_3)来代替原有的场(F_1)或场和物质(F_1+S_1)

图 4.3.10

3.非有效完整模型：功能的 3 个元素都存在，但场作用不足，不能有效实现设计者追求的目标。如图 4.3.9 所示。

这种情况有 3 个标准解。一是引入新的物质和场代替原来的物质和场，如图 4.3.10 所示。二是引入新的场增强原来的场的作用，如图 4.3.11 所示。三是引入新的第三种物质和新的场，增强原来物质和场的作用，形成串行的物场模型，如图 4.3.12 所示。

4.有害模型：功能的 3 个元素都存在，但产生了与设计者追求目标相反的效应。如图 4.3.13 所示。

这种情况有 2 个标准解。一是引入新的第三种物质隔离现有的两种物质，抵消掉场的有害作用，为了避免带来新的问题，新引入的第三种物质应是原有两种物质中的一种或者同类

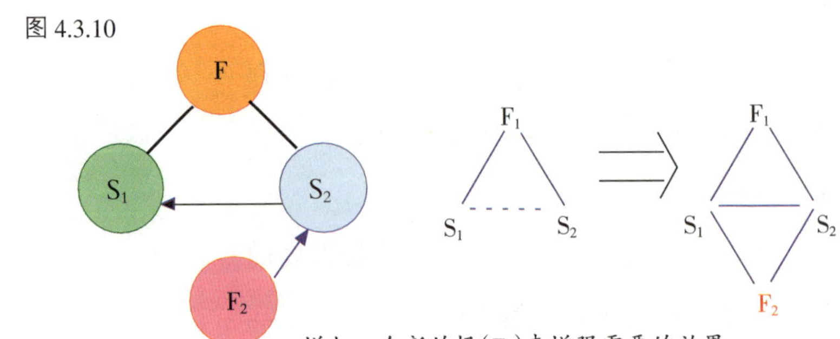

增加一个新的场(F_2)来增强需要的效果

图 4.3.11

物质，如图 4.3.14 所示。二是引入新的作用场，抵消掉原有场的有害作用，如图 4.3.15 所示。

第一种模型是我们追求的目标，重点需要关注剩下的 3 种非正常模型。针对这 3 种模型，TRIZ 理论提出了物场模型的 76 个标准解法。

在上面的三个实际问题中的物场模型中，机车和钢轨之间的物场模型是有害模型，机车和钢轨之间的摩擦力太大，场的作用过度。纱网门之间的物场模型是非有效完整模型，纱网门之间的重力场作用不足。猎人和狗之间的物场模型是非有效完整模型，猎人和狗之间的信息场作用不足。我们用“→”表示场作用有效，用“+++++→”表示场作用力过度，用“~~~→”表示场作用力有害，用“---→”表示场作用力不足。三个实际问题的物场模型示意图如图 4.3.16 所示。如何把图中的箭头都变成有效的实心箭头呢？那就要根据实际问题去寻找合适的标准解。

标准解法通常用来解决概念设计

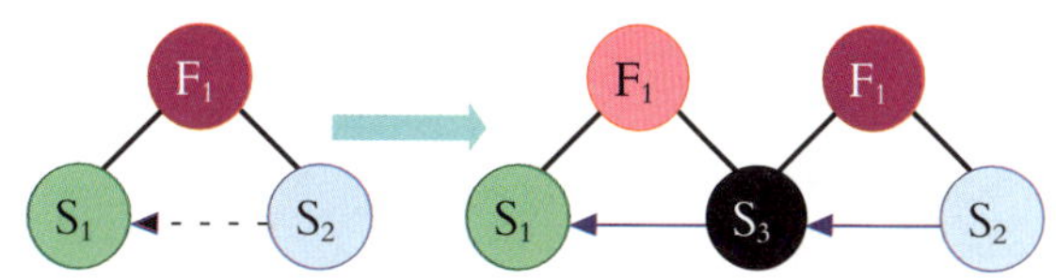

增加新的场(F_2)和物质(S_3)来加强原有的效果

图 4.3.12

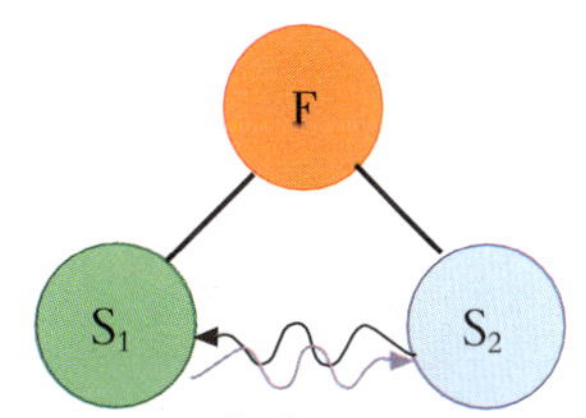

模型的三个组件都在，但是两个物质间存在有害的相互作用。

图 4.3.13

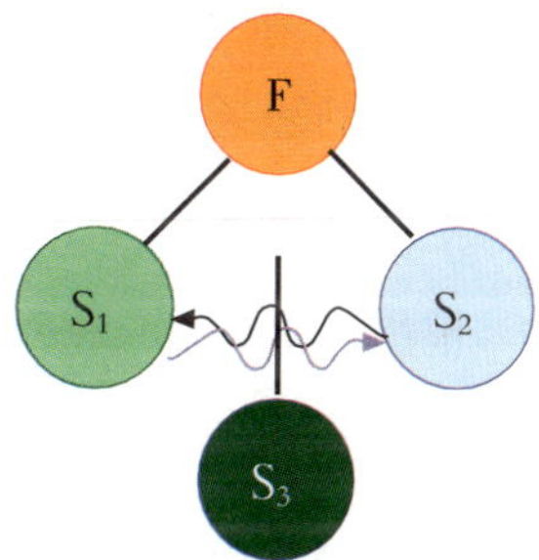

引进第三种物质(S_3)，它应该是原有两种物质之一的变种

图 4.3.14

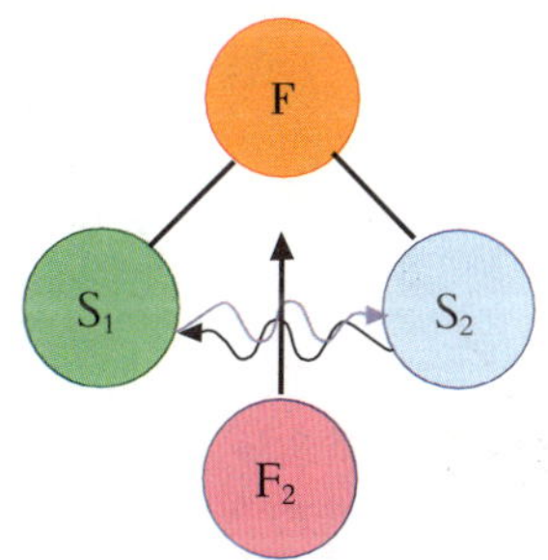

增加另一个场(F_2)，用来平衡产生有害效果的场。需要评估各种力场(用第二个场F_2来消除有害作用)

图 4.3.15

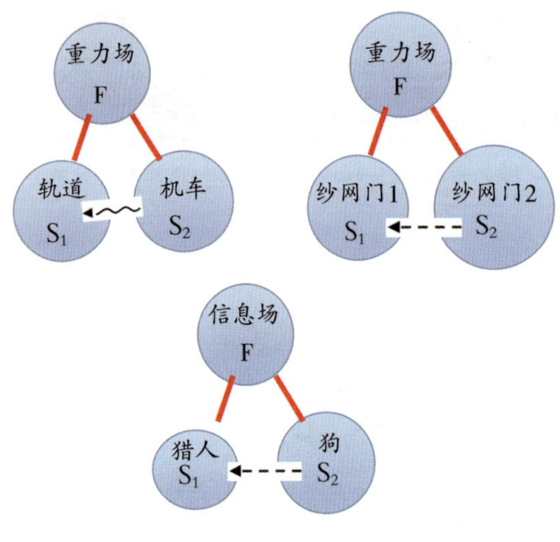

图 4.3.16

的开发问题。76 个标准解决方法可分为 5 类：建立或破坏物质场；开发物质场；从基础系统向高级系统或微观等级转变；度量或检测技术系统内一切事物；描述如何在技术系统引入物质或场。发明者首先要根据物场模型识别问题的类型，然后选择相应的标准方法解。

根据标准解 10，场作用过度的可以引入一个反作用的物质场减轻或者抵消场作用，在机车钢轨物场模型中，我们可以引入一个和重力场作用相反的磁场来减小或者去除摩擦力，即用磁悬浮，这样可以使机车在钢轨上运行得更快。

根据标准解 7，场作用不足时，可以增加一种物质 S_3 或者另外一种场 F_2 来增强场作用，使之变成有效作用。在纱网门物场模型中，我们在两个纱网门接触的边界增加条形磁铁，形成加强的磁场 F_2，来增强两个纱网门之间的作用力，使两个纱网门紧密结合，防止苍蝇和蚊子进入。在猎人和狗的物场模型中，我们增加一种物质 S_3，S_3 可以和 S_2 一样是猎狗，利用两只猎狗和猎人进行捕猎，遇到野猪时，一只猎狗盯着野猪，另一只猎狗回到主人身边，引导主人带着猎枪来猎杀野猪。问题通过标准解法，全部解决了，如图 4.3.17 所示。

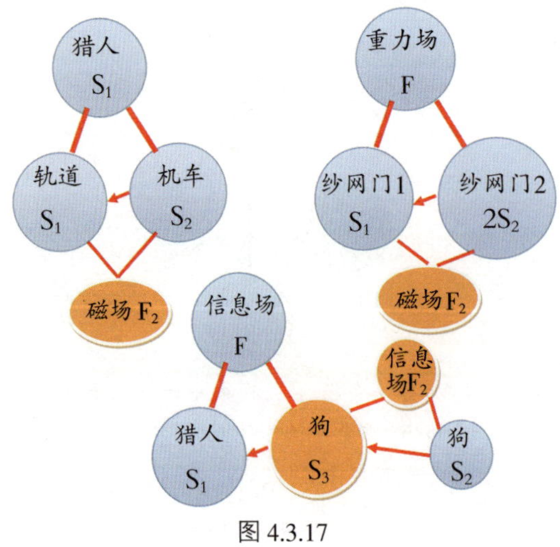

图 4.3.17

利用物场模型解决实际问题

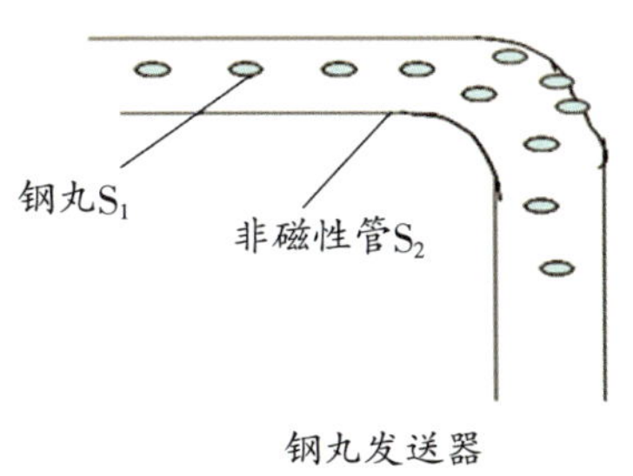

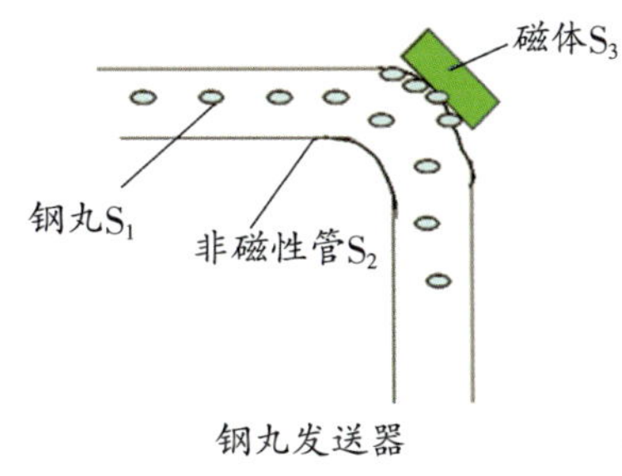

图 4.3.18

的例子有很多，比如解决钢丸发送机弯管的强烈磨损问题。钢丸发送机在发送钢丸时，由于钢丸速度较快，因此在弯道处，钢丸连续快速地击打弯管，导致弯管很快变薄、被穿透、破损。请设计一个方案，解决这个问题。如图 4.3.18 所示。

通过分析，我们可以建立物场模型：物质 S_1—钢丸，物质 S_2—非磁性管，它们之间的击打作用力场 F，场 F 作用力有害，可以增加一个物质 S 来隔离。为了防止其他物质的引入，S 采用和 S_1 相同的物质，发送中的钢丸，如何让 S 在弯道停留，以阻挡后续钢丸对弯管的冲击能？我们可以引入一个磁场 F_2，如在弯管外部引入磁体 S_3 来制造一个磁场 F_2，让它来吸附钢柱，从而形成保护层。

我们在厨房里用擀面杖擀面皮时，也经常遇到麻烦——面皮容易粘到擀面杖上。怎么来解决这个问题呢？物质 S_1—擀面杖，物质 S_2—面皮，它们之间的作用场 F 作用过度、有害，我们引入另外一个物质 S_3 来隔离 S_1 和 S_2。为了避免引入第三种物质，我们用和 S_2 相同的物质干面粉来作为 S_3，即在面皮和擀面杖之间加点干面粉就能防止面皮粘到擀面杖上。

根据阿奇舒勒发现的规律，如果问题的物场模型是一样的，那么解决方案的物场模型也是一样的，和这个问题来自哪个领域无关。

讨论总结

从现实中寻找符合利用物场模型来解决的实际问题，并利用物场模型来解决它。

第五章

实践项目设计

许多同学认为只要把书本上的知识都背会了，就算是有知识的人才了，然而这样导致的结果是眼界日趋狭窄、实践能力难以形成，在研究兴趣和研究能力方面十分薄弱，结果进入大学或到了研究生阶段，在开展研究时，常常感到无所适从。改变这种被动状态的方法之一，就是在中学阶段学习如何做研究，这便是研究性学习。进行研究性学习很重要的一个途径就是进行实践项目设计。

实践项目设计的意义

实践项目设计是以科学研究为主的实践性和综合性较强的学习活动。和现有的学科教学不同，研究性实践项目设计学习不再局限于对学生进行纯粹的书本知识的传授，而是让学生参加实践活动，在实践中学会学习、学会应用各种知识和获得各种能力。研究性实践项目设计学习强调知识的联系和运用，它不仅是某一学科知识的综合运用，更是各个学科知识的融会贯通。通过学习，学生不但知道如何运用学过的知识，还会很自然地在已经学过的知识之间建立一定的联系，而且为了解决问题还会主动地去学习新的知识。它仍然是一种学习，只不过是“像科学家一样”的学习。它形式上是“研究”，实质上是学习——一种综合性的学习。

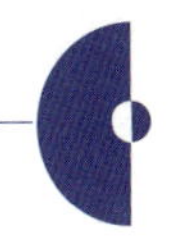

为了达到较好的教育效果，引起学生的学习兴趣，本章采用STEAM学习方式。STEAM即科学（Science）、技术（Technology）、工程（Engineering）、艺术（Art）和数学（Mathematics）的缩写。STEAM教育创新理念鼓励学生在科学、技术、工程、艺术和数学领域加大学习，培养科技理工素养。例如，桌子上有一杯水，首先提出问题：这杯水为什么会变凉？这是科学。接着研究怎么才能让水不变凉，这是技术。然后要实现让水不变凉的目的，这是工程。如何设计结构和外观达到良好的人机交互和美感，这是艺术。最后进行数据采集并测试分析，这就是数学。在现实生活中，科学依赖于技术、工程、艺术和数学，而工程又依靠科学发现、数学应用、艺术设计和技术手段。STEAM的这种综合实践应用模式正适合实践项目设计的学习方式。本章介绍基于STEAM模式的两个实践项目设计："小车定位"和"气动火箭"打靶。

第一节
“小车定位”项目设计

阅读导航：

1. “小车定位”项目设计的步骤要点是什么？

2. “小车定位”项目设计中，哪些参数需要设计和实验？

3. 如何利用STEAM模式进行“小车定位”项目设计？它里面的科学、技术、工程、数学、艺术是如何体现的？

第一环节：小车定位的要求和方案设计

1. 首先明确“小车定位”项目的设计要求和比赛规则。

小车定位设计要求

（1）用所给的材料制作一辆小车，外观、结构不限，建议有美观上的设计。

（2）小车从一个起点出发，走到限定的目标位置，按离目标位置的距离计算成绩。

（3）小车的动力源有三种（任选一种）：

A.利用气球做动力。

B.利用橡皮筋做动力。

C.利用斜坡的势能。

所需材料

（1）KT板30×30厘米，两块。

(2) 橡皮筋、气球各一个。

(3) 车轴两个（15 厘米），PVC 管一段（15 厘米），吸管一段。

(4) 铁丝一段，铁条一根，细线一段，胶带一卷，彩笔一盒。

(5) 工具：裁刀一把，剪刀一把。

自备材料：顶端光滑的矿泉水瓶盖一个，其他材料。

自备工具：小刀、直尺、圆规、铅笔。

比赛规则

(1) 动力源只能是规定的三种中的一种，不能使用其他任何动力源。

(2) 材料：除了老师提供的材料外，可以自备材料，但不能使用成品和半成品。

(3) 小车长、宽、高不超过 20 厘米。

(4) 小车外形、结构不限，要有美观上的设计。

(5) 三种动力的权值：气球 1，橡皮筋 1.2，势能权值 0.8。

(6) 每辆车释放 3 次，取最好成绩。

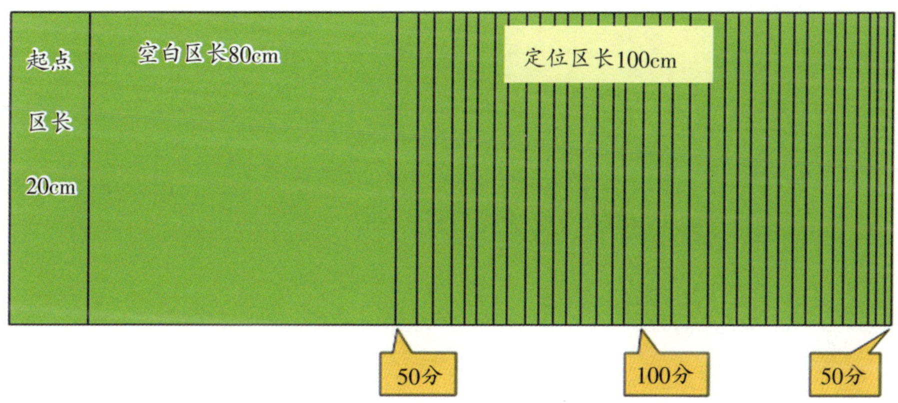

图 5.1.1 赛道图（赛道宽 1 米，长 2 米，分起点区、空白区和定位区）

定位区有 100 条分数线，从 50 分到 100 分，再到 50 分，每条线间隔 1cm。

2. 学生分组，根据项目设计要求和 STEAM 模式，进行各项参数关系实验。然后，组长召集本组所有人员对本组内所有设计方案利用头脑风暴法进行评估、分析，选择或修改、设计一个方案作为本组的最终方案，小组共同来完成这个方案，并对组内成员进行详细具体的任务分工，填写项目设计方案表（如下）：

项目设计——小车定位作品方案表

制作者信息			
年级、班级		小组组别	第　　组
组长姓名		组员姓名	
作品信息			
作品名称			
材料清单			
作品结构设计及创新部分介绍			
作品图样			

参数实验方案如下（教师准备好实验器材和要求表格，由各组组长组织组员完成，实验做完后，必须向教师展示记录好的表格。教师指导实验，监督各组认真完成实验）：

制作要点：

1. 摩擦力尽可能小。让轮转还是让轴转？可以让学生体验轮转和轴转各自的特点和使用范围，让学生各设计一个轮转和轴转的模型，此处应利用斜坡和现成的小车给学生做实验，并利用公式 $F=mgh/L$ 计算两种方式车的摩擦力的大小。m 是小车的质量，h 是小车在斜坡上的高度，L 是小车滑行的距离。mgh 是常量，通过测量 L 就能计算出摩擦力的大小。

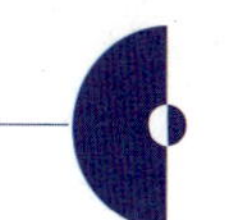

实验所需器材：小车（可实现轮转和轴转）、斜坡、直尺、天平。

实验示意图如下：

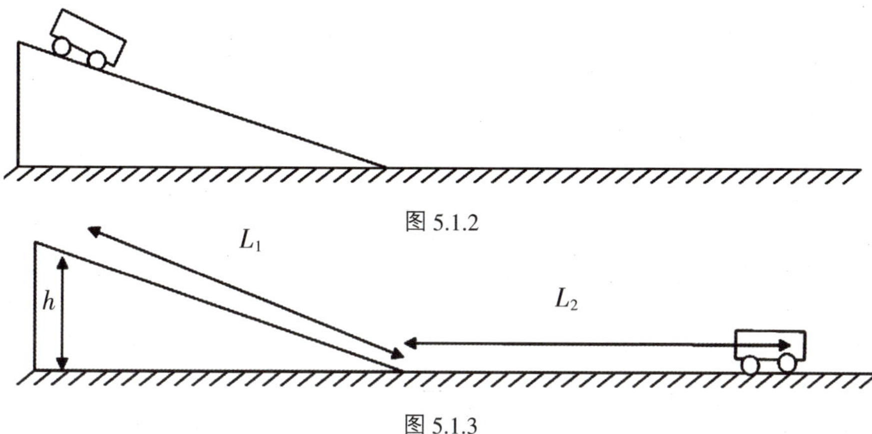

图 5.1.2

图 5.1.3

图 5.1.2 是把小车放到斜坡顶端，图 5.1.3 是小车滑下斜坡停止。高度 h 取小车的重心的高度，L_1 是小车在斜坡上的滑行距离，L_2 是小车在地面的滑行距离，$L=L_1+L_2$。

利用轴转和轮转两种方式做以上实验，测算两种方式的摩擦力大小，同时注意它们的客观条件，比如车轮和车轴接触面的大小等。

实验记录表格如下：

实验方式和次数	车重心高度 h	L_1	L_2	L	mg	$F=mgh/L$
车轮转 1						
车轮转 2						
车轮转 3						
车轴转 1						
车轴转 2						
车轴转 3						

利用三次实验数据计算出平均摩擦力。

利用这个实验既可以体验轴转和轮转的差别，同时如果用斜坡势能做动力时，也可以用此实验计算出小车在斜坡的最佳摆放高度 h。

2. 如果利用气球做动力，气球要有气门嘴控制喷气方向，气球要和车体固定。可以给学生准备不同粗细的气门，让学生体验气门推力的大小和时间长短。

利用弹簧秤和成型的小车让学生做实验。做这个实验时，要注意气球的气体压力，可以用打气筒打入相同压强的气压。首先，利用弹簧秤拉动小车测出小车的静摩擦力 F_1。再利用公式 $F_2=pS$ 计算出气体反作用力大小，p 为气球内气体的压强，可利用压强计测出，S 为气门的横截面积，利用公式 $S=\pi r^2$ 计算出，r 为气门的半径，可用直尺测出直径 R 再除以 2 得到，由此就可得到 F_2。如果 $F_2<F_1$，则小车无法克服摩擦力做功，小车就不会动；如果 $F_2>F_1$，小车就可移动。我们通过观察可测量出气体释放完时，小车移动的距离 L_1，再测量出小车停止时移动的距离 L_2，利用公式 $L_1\times F_2=F_1\times L_2$，来测算不同的气门直径、对小车做功的大小，以此来选择气门嘴的直径。

实验所需器材：气球、压强计、游标卡尺、直尺、不同直径的气门嘴、小车、弹簧秤等。实验示意图如下：

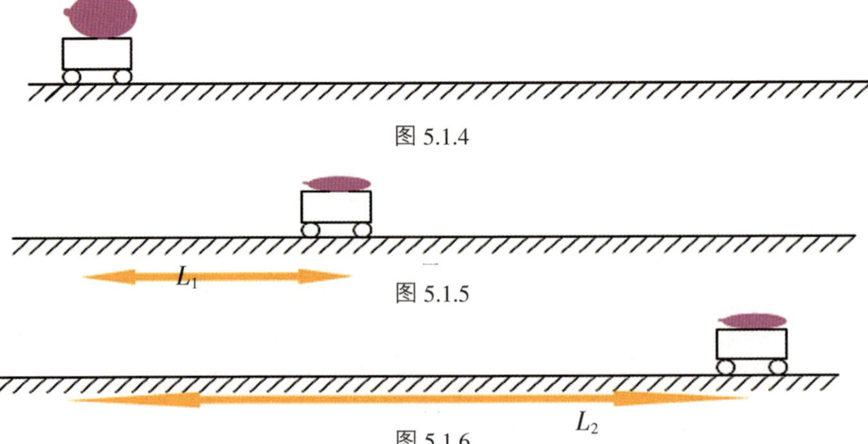

图 5.1.4

图 5.1.5

图 5.1.6

实验记录表格如下：

实验次数	气门嘴的直径 R	$S=\pi r^2$	气体压强 p	$F_2=pS$	静摩擦力 F_1	L_1	L_2	$S=\frac{F_1 \times L_2}{L_1 \times p}$
1								
2								
3								

利用这个实验可以体验气门嘴直径 R 大小对小车做功的效果，同时可以得出最佳的气门嘴直径。

3. 如果用橡皮筋做动力，橡皮筋要一端和车轮固定，另一端和车架或地面固定。这是利用橡皮筋最基本的结构设计科学原理，学生可能不了解这个结构原理，需要教师给学生做个橡皮筋动力模型演示结构和功能。利用橡皮筋做动力，要想精确定位需要做以下实验计算橡皮筋的弹力系数 Y。先用弹簧秤测出小车的静摩擦力 F，再缠绕橡皮筋一定的圈数 M（比如 50 圈），然后在赛道上释放小车，小车停止时，用直尺测出小车行走的距离 L，利用公式 $Y=FL/M$ 计算出橡皮筋的弹力系数 Y。

实验所需器材如下：橡皮筋、小车、直尺、弹簧秤等。

实验示意图如下：（橡皮筋动力结构不再画出）

图 5.1.7

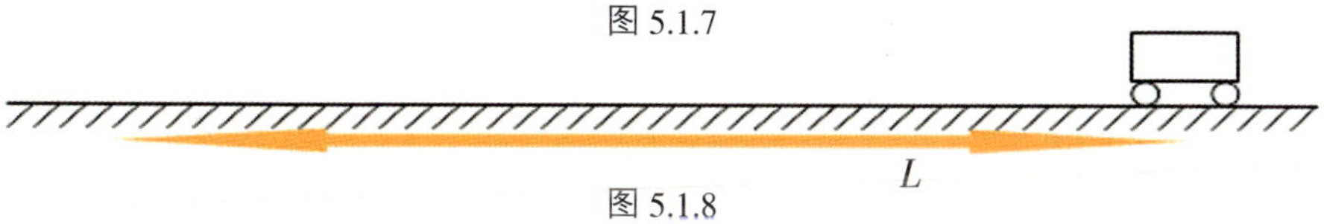

L

图 5.1.8

实验记录表格如下：

实验次数	小车静摩擦力 F	橡皮筋缠绕圈数 M	小车行走的距离 L	$Y=FL/M$
1				
2				
3				

此实验可以计算橡皮筋的弹力系数，当使用橡皮筋做动力时也可以计算出小车实现精确定位所需缠绕的圈数。

4. 轮子不要太小，质量不要太大。可以用不同直径的轮子（但质量要求差别很小）、不同质量的砝码和一辆小车来做实验。实验时，主要验证两个问题：一个问题是质量基本相同的情况下，轮子的大小对小车行走距离的影响；另一个问题是轮子相同的情况下，质量的大小对小车行走距离的影响。为了更接近事实，我们可以用气球作为动力，要求气球气压和气门嘴的直径合适，并固定。实验一是验证轮子大小与车行走距离的关系，我们准备四种不同直径的轮子，分别做一次实验，让小车在气球的推动下行走一段距离后停止，记录轮子的直径 D 和小车行走的整个距离 L，并在平面直角坐标系中绘出 D 与 L 的关系曲线图。实验的示意图如下：

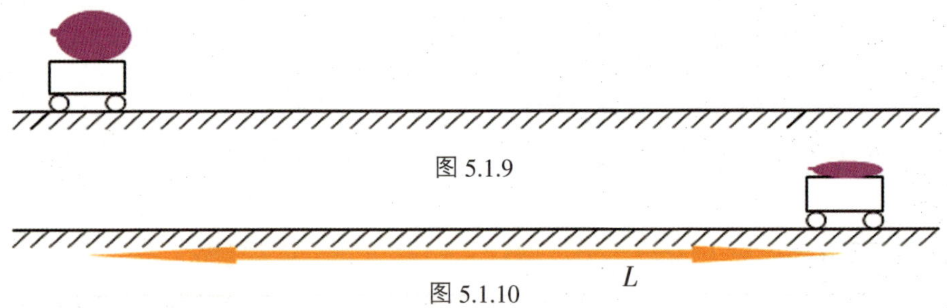

图 5.1.9

图 5.1.10

实验记录表格如下：

实验次数	轮子的直径 D	小车行走的距离 L
1		
2		
3		

实验平面坐标系如右：

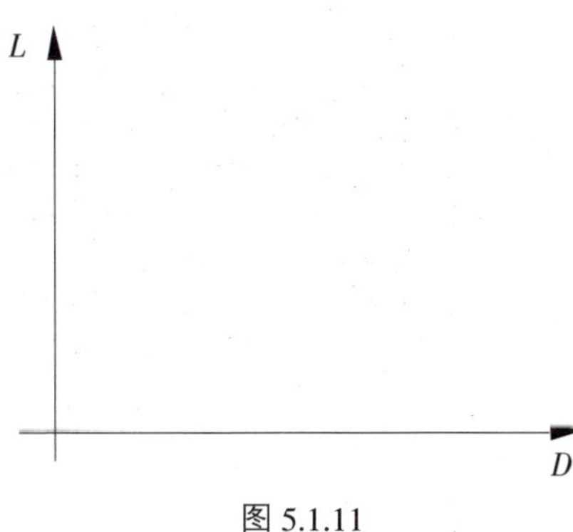

图 5.1.11

实验二是验证小车质量和小车行走距离的关系。我们选择不同质量的砝码放置在小车上，以此改变小车的质量，来验证小车质量 m 和行走距离 L 之间的关系，并在平面直角坐标系中绘出 m 与 L 的关系曲线图。

实验示意图如下：

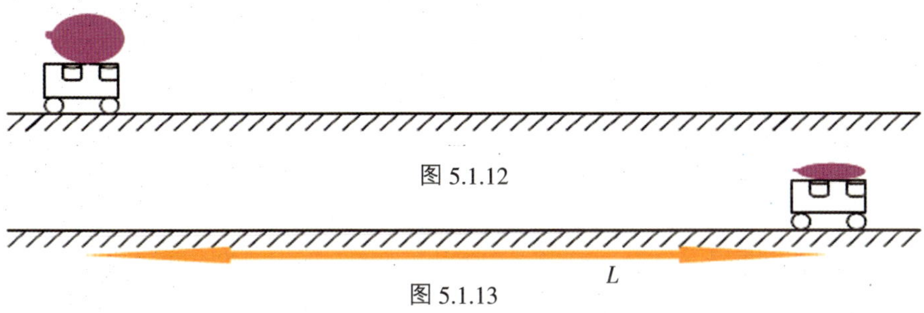

图 5.1.12

图 5.1.13

实验记录表格如下：

实验次数	小车质量 m	小车行走的距离 L
1		
2		
3		

实验平面坐标系如右：

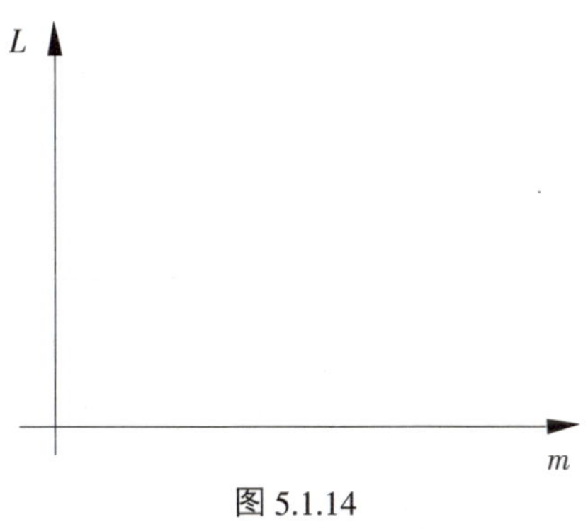

图 5.1.14

通过以上实验和知识的学习，学生掌握了方案设计中各个要素的设计方法，并能利用数学、物理知识精确计算、分析数据，为方案的选择提供了科学的依据。

第二环节：小车的制作与实验、调整

每个小组的组长根据小组最后的设计方案，到材料室领取制作材料和制作工具，然后组员根据分工合作制作小车，并进行各项参数的实验。在制作前，教师应讲解各工具的使用方法和要领、安全注意事项等内容，并在学生制作过程中不停地巡视指导，解答学生遇到的各种问题。小车制作完成后，要进行初步的实验，并根据实验结果对车辆进行改进。

各组在进行项目制作时，要按照工程设计的流程进行流程和结构设计，计划好各个分系统的结构制作的流程，并进行合理的分工。教师要对各组的分工合作情况进行检查、记录，这是项目评价的一个重要部分。下面是学生制作过程中经常遇到的问题：教师要指导学生胶水、胶带、双面胶的使用要合理，以防产生不必要的摩擦力；教师要指导学生对各部件的制作工艺按照工程设计标准进行精细加工；学生实验的结果与理论的差别主要体现在制作工艺上，工艺不精细，将不能实现小车的精确定位，从而加大了运气成分；教师要对学生减小摩擦力的各种措施进行指导，并提醒学生注意外观美化设计，鼓励进行创新独特的外观和结构设计。外观设计和结构设计的独特性也是项目评价的一个重要部分。

第三环节：小车定位比赛和撰写研究报告

每个小组让自己的小车作品在赛道上进行比赛。全体同学共同对每个小组的作品比赛情况进行仔细观察，并积极分析、讨论作品的优点和缺点，并针对缺点提出解决方案。这节课是各组相互学习、相互交流的最重要的一节课，也是工程设计一般采用的方法。每组作品的比赛情况、组长的作品解说情况，以及每组同学的积极发言、提出问题、解决问题的情况，是项目评价的一个重要部分。

具体流程如下（每个小组按次序依次进行如下流程）：

1. 各小组组长对自己小组作品的结构、制作、原理进行讲解，并说出利用了哪些知识、选择此方案的原因。

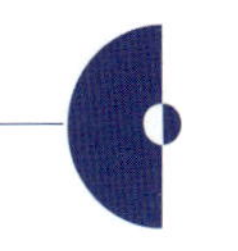

2. 预测自己的作品成绩，并在赛道上进行实际操作。

3. 本组的同学根据比赛结果，查找出现的问题，提出解决方案，并记录。其他组的同学进行补充。

注：每个小组在进行作品比赛前，为了减少运气成分，要利用 STEAM 方法对小车实现精确定位进行详细计算。如果用势能转化作为动力，要计算出小车在斜坡上释放的高度 h；如果用气球作为动力，要计算出对气球的气压 p 的大小；如果用橡皮筋作为动力，要计算出橡皮筋缠绕的圈数。每个小组有三次比赛机会，各组组长可根据上次比赛情况调整释放方法和参数。各小组的记录员要在分析、讨论过程中完成比赛情况记录表的填写。

项目设计——小车定位比赛情况记录表

<table>
<tr><td colspan="4">制作者信息</td></tr>
<tr><td>年级、班级</td><td></td><td>小组组别</td><td>第　　组</td></tr>
<tr><td>组长姓名</td><td></td><td>组员姓名</td><td></td></tr>
<tr><td colspan="4"></td></tr>
<tr><td colspan="4">作品信息</td></tr>
<tr><td>作品名称</td><td colspan="3"></td></tr>
<tr><td>成功的部分</td><td colspan="3"></td></tr>
<tr><td colspan="2">出现的问题</td><td colspan="2">解决方案</td></tr>
<tr><td colspan="2"></td><td colspan="2"></td></tr>
</table>

比赛成绩记录表：

项目设计 —— 小车定位计分表							
组别	动力源	分数 1	分数 2	分数 3	权值	最后分数	名次
1 组							
2 组							
3 组							
4 组							
5 组							
6 组							
7 组							
8 组							
9 组							

注：气球动力源权值为 1，橡皮筋动力源权值为 1.2，势能为 0.8。

项目综合评价表：

项目设计 —— 小车定位项目综合评价表							
组别	学习实验情况	组内制作分工情况	组内作品制作情况	作品改进情况	作品结构外观创新情况	作品比赛成绩	总成绩
1 组							
2 组							
3 组							
4 组							
5 组							
6 组							
7 组							
8 组							
9 组							

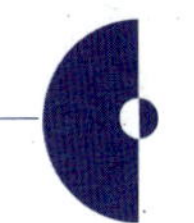

各组表现优秀的学生名单：

组 别	名 单

讨论总结

比赛完成后，各组要提交本组项目设计的实验报告。

实验报告组成部分：

1. 小组人员组成和分工情况，初步计划。
2. 各项实验记录表。
3. 本组采用的最终方案表。
4. 实验情况记录表。
5. 比赛情况记录表。
6. 本组成员表现评价表。
7. 小组成员心得。

第二节
“气动火箭打靶”项目设计

阅读导航：

1. “气动火箭打靶”项目设计的实验参数要点是什么？

2. 如何利用 STEAM 模式分析设计“气动火箭打靶”的实验项目？

3. 如何撰写项目设计的实验报告？

第一环节：明确项目任务，制作火箭，获取实验数据

1. 明确项目任务，分组，制订设计方案

气动火箭打靶的项目任务：

利用硬纸制作一个火箭，在气动发射器上发射，击中分靶，根据击中的分靶计算得分，有三次机会，取平均分。火箭发射动力为高压气体。

气动发射器的气压为固定大气压，不能改变，所有火箭都在同一个发射器上发射。各组可根据自身火箭的特点，自选发射角度。分靶中心到发射器的距离固定为 10 米，分靶为直径 1 米的圆环形，由内向外分靶分数依次为 100 分、90 分、80 分、70 分、60 分。击中哪个分靶，就得多少分；未击中分靶，没有成绩。

分靶图如图 5.2.1 所示：每个分环的距离是 10 厘米。

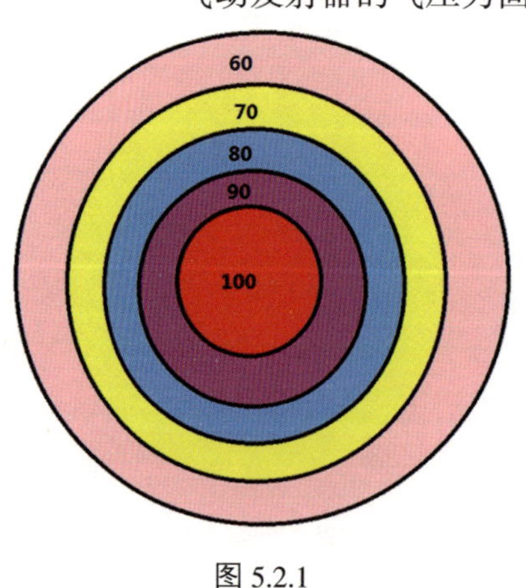

图 5.2.1

发射示意图如下：

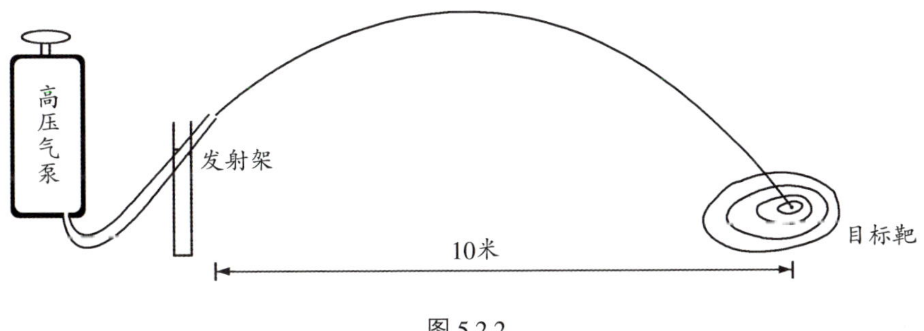

图 5.2.2

（1）问题分析

如何击中目标，我们做以下分析：

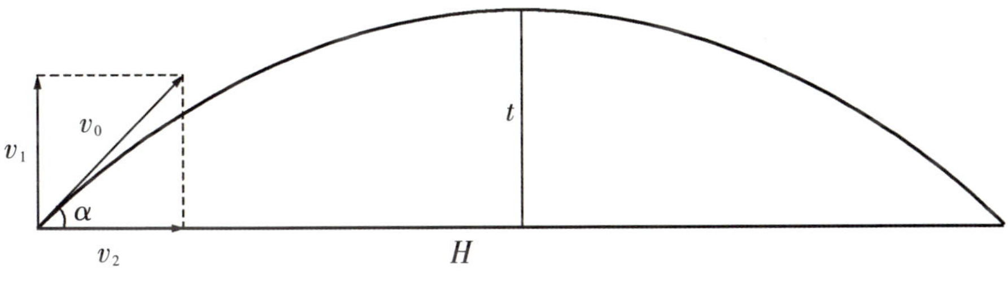

图 5.2.3

$F=pS=ma$。实际上，$F=pS-F_{空}-mg\times\sin\alpha$，为了简化计算，先认为 $F=pS$。

$v_0=at_1$

$v_1=v_0\times\sin\alpha=gt$

$v_2=v_0\times\cos\alpha$

$H=v_2\times2t=v_0\times\cos\alpha\times2t=2v_0\times\cos\alpha\times v_0\times\sin\alpha/g=v_0^2\times\sin2\alpha/g$

$\sin2\alpha=gH/v_0^2=gH/(pS\,t_1/m)^2$

在上式中，p、S、t_1、m、g 都是定值。要使 H 最远，sin2α 应取最大值 1，所以 α=45°。以 45°发射，连续发射 4~5 次，计算平均值 H，代入上式，即可得出 v_0^2，然后，把给出的靶距 10 米代替 H 代入上式，即可得到 sin2α 的值，查表可得发射角度 α，进行实际发射，有 3 次机会，取最好成绩。

⑵ 制作材料

硬纸2张，KT板一块，胶带一卷，泡沫一块，剪刀一把。发射器共用。

⑶ 制作要点

为了减少误差，火箭的制作应精细些，特别是外部要平滑，尽量减少空气阻力，还要保证火箭结实耐用。火箭前端要密封，并且火箭头部要和发射管紧密结合，中间不要有空隙。

⑷ 发射要点

气压、角度和方向要准，两人协同发射。

2.学生分组，根据项目设计要求和STERM模式，进行各项参数关系实验

组长召集本组所有人员对本组内所有设计方案利用头脑风暴法进行评估、分析，选择或修改、设计一个方案作为本组的最终方案，小组共同来完成这个方案，并对组内成员进行详细具体的任务分工，填写项目设计方案表（如下）：

项目设计——气动火箭作品方案表

制作者信息			
年级、班级		小组组别	第　　组
组长姓名		组员姓名	
作品信息			
作品名称			
材料清单			
作品结构设计及创新部分介绍			
作品图样			

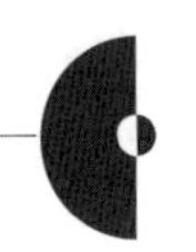

参数实验方案如下（教师准备好发射架等实验器材和要求表格，由各组组长组织组员完成，实验完成后，必须向老师展示记录好的表格。教师指导实验，监督各组认真完成实验）：

角度正弦值对照表

角度	sin 值	角度	sin 值	角度	sin 值
1	0.01745240643728351	2	0.03489949670250097	3	0.05233595624294383
4	0.0697564737441253	5	0.08715574274765816	6	0.10452846326765346
7	0.12186934340514747	8	0.13917310096006544	9	0.15643446504023087
10	0.17364817766693033	11	0.1908089953765448	12	0.20791169081775931
13	0.22495105434386497	14	0.24192189559966773	15	0.25881904510252074
16	0.27563735581699916	17	0.2923717047227367	18	0.3090169943749474
19	0.3255681544571567	20	0.3420201433256687	21	0.35836794954530027
22	0.374606593415912	23	0.3907311284892737	24	0.40673664307580015
25	0.42261826174069944	26	0.4383711467890774	27	0.45399049973954675
28	0.4694715627858908	29	0.48480962024633706	30	0.49999999999999994
31	0.5150380749100542	32	0.5299192642332049	33	0.544639035015027
34	0.5591929034707468	35	0.573576436351046	36	0.5877852522924731
37	0.6018150231520483	38	0.6156614753256583	39	0.6293203910498375
40	0.6427876096865392	41	0.6560590289905073	42	0.6691306063588582
43	0.6819983600624985	44	0.6946583704589972	45	0.7071067811865475

45 度发射最远距离 H 记录表

组别：

第一次 H	第二次 H	第三次 H	第四次 H	平均距离
通过 $v_0^2=gH$ 和 $\sin2\alpha=gh/v_0^2$ 计算出 $\sin2\alpha$ 的值		$\sin2\alpha=h/H=$		
通过查三角函数表和计算求得发射角度 α 的值		$\alpha=$		

第二环节：初步比赛，交流设计、改进火箭

教师组织，各组依次比赛，记录初赛成绩。

· 每组有 5 次机会，连续使用，取最高成绩。

· 气压为 0.5 个大气压，靶距为 7 米。

· 每组发射前，要对本组的火箭作品和设计、制作策略进行解说，发射结束后要做总结。

· 评分标准：火箭头落地点。

比赛成绩记录表：

项目设计 —— 气动火箭打靶初赛计分表							
组别	分数 1	分数 2	分数 3	分数 4	分数 5	最后分数	名次
1 组							
2 组							
3 组							
4 组							
5 组							
6 组							
7 组							
8 组							
9 组							

各组进行交流，根据比赛结果和交流情况，分配任务，改进火箭。

第三环节：气动火箭决赛，撰写研究报告

教师组织，各组依次比赛，记录决赛成绩。

· 每组有 3 次机会，连续使用，取最高成绩。

· 气压为 1 个大气压，靶距为 10 米。

· 每组发射前，要对本组的火箭作品改进情况进行解说，发射结束后要做总结。

· 评分标准：火箭头落地点。

比赛成绩记录表：

项目设计 —— 气动火箭打靶决赛计分表							
组别	分数 1	分数 2	分数 3	分数 4	分数 5	最后分数	名次
1 组							
2 组							
3 组							
4 组							
5 组							
6 组							
7 组							
8 组							
9 组							

各组进行综合评价并撰写研究报告。

项目综合评价表：

项目设计——“气动火箭打靶”项目综合评价表								
组别	学习实验情况	组内制作分工情况	组内作品制作情况	初次实验解说、表现情况	作品改进情况	作品结构外观创新情况	作品比赛成绩	总成绩
1 组								
2 组								
3 组								
4 组								
5 组								
6 组								
7 组								
8 组								
9 组								

自动火箭发射器安装说明

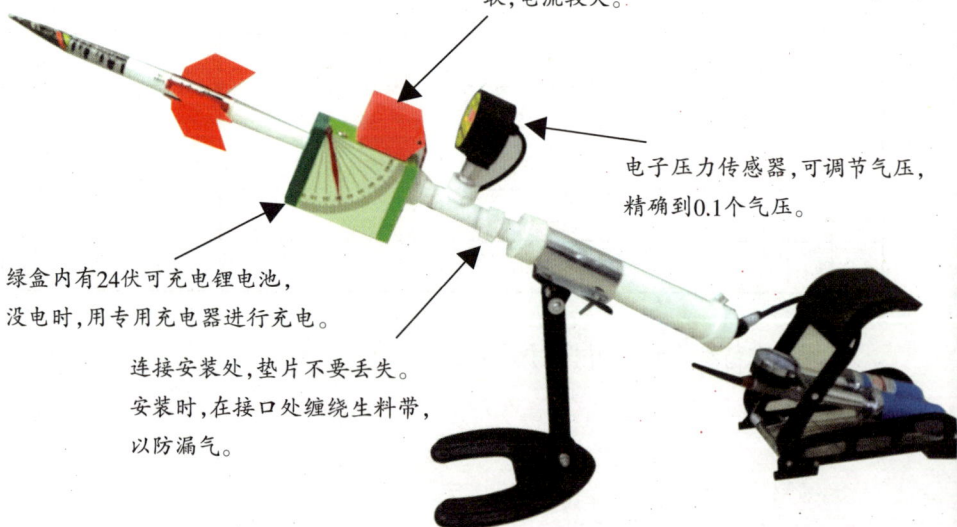

红盒内有4节12伏干电池，45安。没电时，请更换。注意正负极不要接反，因为是并联，电流较大。

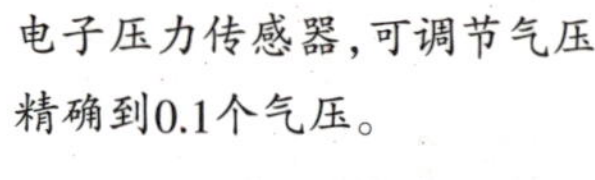

电子压力传感器，可调节气压，
精确到0.1个气压。

绿盒内有24伏可充电锂电池，没电时，用专用充电器进行充电。

连接安装处，垫片不要丢失。安装时，在接口处缠绕生料带，以防漏气。

各组表现优秀的学生名单：

组 别	名 单

讨论总结

比赛完成后，各组要提交本组项目设计的实验报告（报告可在课下完成）。

实验报告组成部分：

1. 小组人员组成和分工情况，初步计划。
2. 各项实验记录表。
3. 本组采用的最终方案表。
4. 制作实验情况记录表。
5. 比赛情况记录表。
6. 本组成员表现评价表。
7. 小组成员心得。

第六章

科学探究及应用

在印度有一个传说：舍罕王打算奖赏国际象棋的发明人——宰相西萨·班·达依尔。国王问他想要什么，他对国王说："陛下，请您在这张棋盘的第 1 个小格里赏给我 1 粒麦子，在第 2 个小格里给 2 粒，在第 3 个小格里给 4 粒，照这样每一小格都比前一小格加一倍。请您把这样摆满棋盘上所有 64 格的麦粒，都赏给您的仆人吧！"国王觉得这个要求太容易满足了，就命令给他这些麦粒。当人们把一袋一袋的麦子搬来开始计数时，国王才发现：就是把全印度甚至全世界的麦粒全拿来，也满足不了那位宰相的要求。

那么，宰相要求得到的麦粒到底有多少呢？总数为 $1+2^1+2^2+\cdots+2^{63}$。这个数字非常大，全世界两千年也难以生产这么多麦子！这里面隐含的科学道理是什么呢？本章我们就来探讨一些和我们日常生活关系密切的科学原理。

科学探究的意义

科学探究就是学生用于获取知识、领悟科学家研究自然界所用的方法，而进行的种种活动。科学探究的过程是一个提出问题并解决问题的过程。由于中学生对未知事物充满强烈好奇心和求知欲，所以，在科学学科的教学中，不管探究的问题是由学生提出的还是由教师提出的，学生都想

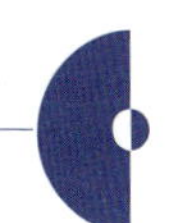

急切知道问题背后的答案。利用学生这一心理特点，在实施科学探究时，开始可以设置各种问题情境，引导学生发现新的科学情境与已有知识的冲突所在，从而提出问题，这样能大大激发学生的学习兴趣。

科学探究是学生参与式的学习活动，在教学中，探究的问题大多必须通过实验来完成。中学生大都具有强烈的操作兴趣，希望亲自动手多做实验，所以在探究活动中，要利用学生的积极性设置适当的实践活动，给学生的探究活动提供丰富的物质材料和实践的机会，从而激发学生的学习兴趣。

本章精选了四个专题方面的科学探究内容。每个专题分两个环节，第一环节进行探究原理、设计方案，第二环节进行动手实验、制作，完成实践任务。

第一节
伯努利效应与生活

伯努利是瑞士一个科学家的名字，“伯努利效应”也俗称“狭管效应”。本专题的主要内容是：探究狭管类型、特征和应用方案，在实践活动中利用狭管效应科学原理完成烟囱改造的实践任务。

第一环节：探究原理、设计方案

阅读导航：

1. 生活中有哪些伯努利现象？伯努利效应的科学原理是什么？
2. 伯努利效应的结构有哪些？
3. 如何利用伯努利效应改进我们的生活？

我们在日常生活中经常遇到狭管效应现象，让我们一起来探究它的科学原理吧。

我们先看现实生活中的一个实例：峡谷狂风。2007 年 2 月 28 日，乌鲁木齐开往阿克苏的 5807 次旅客列车在天山南北向的峡谷中遭到 13 级狂风袭击，造成车辆脱轨、人员伤亡，南疆线被迫中断行车 9 小时。据报道，当时当地的风力只有 8 级，为什么在峡谷中形成了 13 级狂风？对于这个问题，很多人有生活经验。在开阔地看起来不大的风，在两个大楼之间或者在胡同口，就会形成很强的风力，即俗话说的“风口”。所以 8 级的风，在峡谷中也会形成 13 级的狂风。这种现象在科学上有个专门的名字“伯努利效应”，也俗称“狭管效应”。无论是峡谷、两个高楼间还是胡

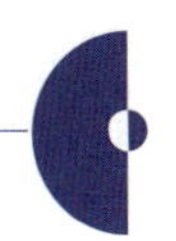

同，都形成了一个两头粗、中间细的狭管结构，这种结构的狭管我们称之为“胡同狭管”。形成狭管效应的现象是：在狭管内，空气流动速度加快，压强变小；在狭管外，空气流动速度慢，压强大。狭管壁内外有压强差，壁内的压强小，壁外的压强大，空气有从壁外向壁内补充的趋势。

在现实生活中，还有很多狭管效应现象，比如：在海洋里，如果两只船靠近并排行走，走着走着，两只船会被“吸”到一起，从而相撞。在快速行进的列车或汽车旁，就会感到有股“吸力”在吸引我们到列车上或汽车上，因此在快速行进的列车或汽车旁是很危险的。上述现象都属于狭管效应。

除了常见的“胡同狭管”结构，还有另外一种常见的“弧形狭管”结构。比如，飞机之所以飞起来是因为飞机的机翼处形成了狭管效应。飞机的机翼形状是向上凸起的弧形结构，机翼上表面是凸起的弧形，机翼下表面是平的。如图 6.1.1 所示。

图 6.1.1

当空气从前面过来时，气流被机翼分开，机翼上面的气流顺着机翼的形状走弧形线，走过的路程长，所以速度较快，压强变小。机翼下面的气流顺着机翼的形状走直线，走过的路程短，所以速度慢，压强大。正因为有压强差，机翼才有上升的趋势，才能带着飞机飞起来。如图 6.1.2 所示。

图 6.1.2

上面的机翼形态是飞机在高空中正常飞行的姿态。飞机在起飞和降落时，需要更大的升力，这时飞机的机翼是可活动的，就调整成更大的弧形，以使狭管效应更明显，获得更大的升力。如图 6.1.3 所示。

图 6.1.3

图 6.1.4 中的展品叫“飞机机翼”，能非常形象地展示出这个原理。小球会从飞机的机翼下表面被气压压到上表面去。

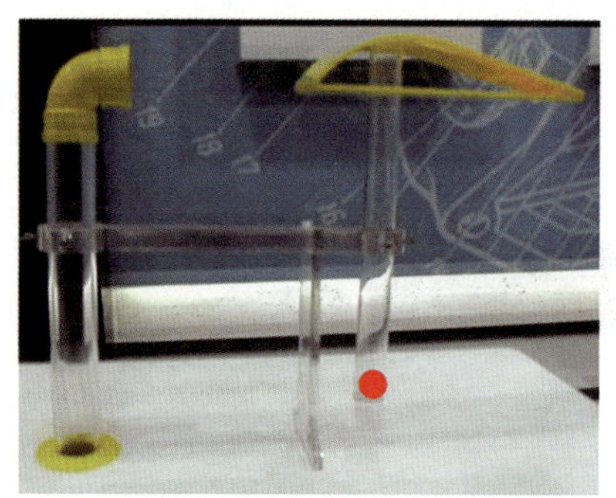

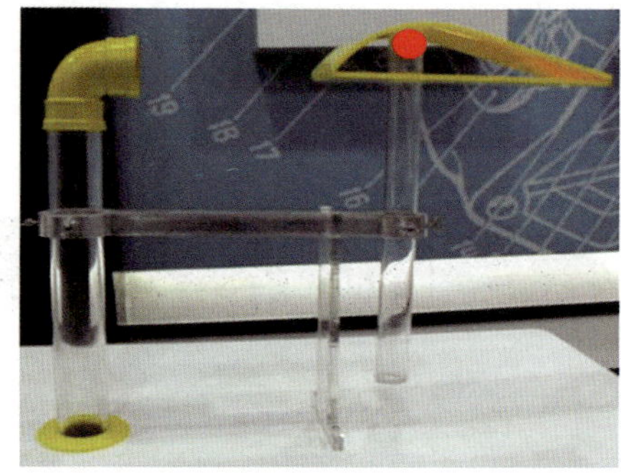

图 6.1.4

图 6.1.5

图 6.1.5 的展品“气流投篮”展示的也是狭管效应。用气流牢牢控制小球，让小球始终待在气流的顶端。小球的表面是弧形，靠近小球表面的气流走的路程是弧形、较长，所以速度快、压强小，周围的气流流速慢、压强大，所以小球被周围的气压牢牢地压在了气流的中心，无法乱跑。

无论是机翼还是小球，形成的狭管效应类型，都有弧形狭管结构。在弧上，气流流速快、压强小，周围的气压大，气流有向弧面补充的趋势。

还有另外一种类型的狭管。我们用嘴和两只手做一个吹气小实验。

实验一、把手掌放在嘴前方大约 3~4 厘米处，缓慢地向手掌心吹气，请感受下手掌心有什么感觉。

实验二、把手掌放在嘴前方大约 3~4 厘米处，急速地向手掌心吹气，请感受下手掌心有什么感觉。

实验三、把手掌放在嘴前方大约 3~4 厘米处，另一只手握成圆筒状放在手掌和嘴之间，通过手筒急速地向手掌心吹气，请感受下手掌心有什么感觉。

对于以上各种感觉，请同学们思考，并解释产生这种现象的原因。

通过上面的实验我们感受到：实验一中手心感觉到热，实验二中手心感觉到凉，实验三中手心感觉到热。原因是什么呢？在实验一中，嘴慢慢地吹气，手心感觉到的气流是口腔中的气流，口腔中空气的温度比周围空气的温度高，所以手心感觉到热。实验二中我们加快了气流的速度，流速快的地方压强小，周围的空气压强大，所以周围的空气大量补充到手心中，手心感觉到的气温绝大多数是周围空气的温度，且由于气流快，带走了手心的部分热量，所以手心感觉到凉。实验三中我们把手握成圆筒状，放在嘴和手心之间，目的是阻断周围冷空气的补充，这样手心感觉到的温度也依然是口腔中空气的温度，所以也是热的。

在这个实验中，发生了狭管效应，气流加快，压强变小，周围空气压强大，有过来补充的趋势。这个实验虽然没有形成狭管的结构，但有形成狭管效应的动力——口腔吹气。这种狭管，我们称之为“无形狭管”。

1726 年，伯努利通过无数次实验，发现了“边界层表面效应”：流体速度加快时，物体与流体接触的界面上的压力会减小，反之压力会增加。为纪念这位科学家的贡献，这一发现被称为“伯努利效应”。伯努利效应适用于包括气体在内的一切流体，是流体做稳定流动时的基本现象之一，反映出流体的压强与流速的关系。流速与压强的关系：流体的流速越大，压强越小；流体的流速越小，压强越大。

我们可以通过一个例子来体会这个原理：有一条两头宽、中间窄的河道，当河水流过河道时，两头较宽的地方河水的流速小，中间狭窄的地方河水的流速快。有两条完全一样的支流，一条从河道较宽的地方注入河道，一条从河道较窄的地方注入河道，哪一条支流的流速快？如图 6.1.6 所示。

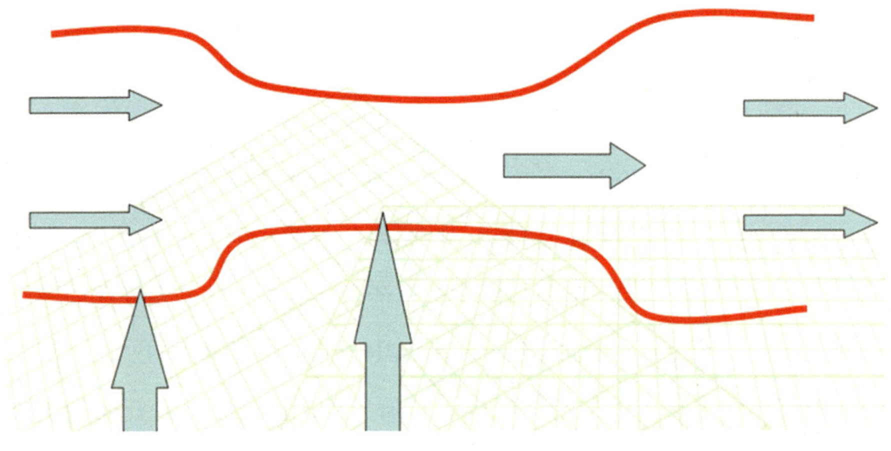

图 6.1.6

答案是从河道较窄的地方流入的支流流速快。因为较宽的河道中的河水流速慢、压强大，和支流之间的压强差小，所以支流的流速慢。较窄的河道中的河水流速快、压强小，和支流之间的压强差大，所以支流的流速快。

伯努利原理在日常生活中有很广泛的应用。我们探讨一下，三种不同的狭管类型在日常生活中的应用。我们先看无形狭管的应用——无叶风扇。

无叶风扇也叫空气增倍机，它能产生自然持续的凉风，因无叶片，不会覆盖尘土或伤到儿童插进的手指。无叶风扇是一个典型的利用狭管效应的绝妙发明，从表面看来没有扇叶，其实它的涡轮风扇藏在下面的底座内，底座的空间和上面的圆环是相通的。上面的圆环内是一个一边宽一边窄的扁平的空腔，在宽的一边有一圈狭缝和外界相通，狭缝的开口斜向前方。当接通电源时，涡轮风扇把空气从下面的底座中送入上面圆环的空腔中，空腔中的气流从狭缝向外挤出，由于挤出的气流速度较快、压强较小，在圆环周围形成狭管效应，周围压强大的空气过来补充，同时气流也会通过黏滞力带动圆环中的空气向前运动。两种效应叠加的结果理论上可以使实际吹出的空气量为流过基座空气量的 15 倍。如图 6.1.7 所示。

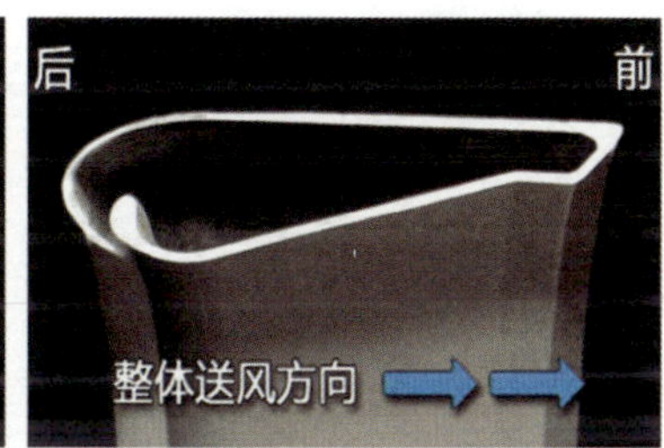

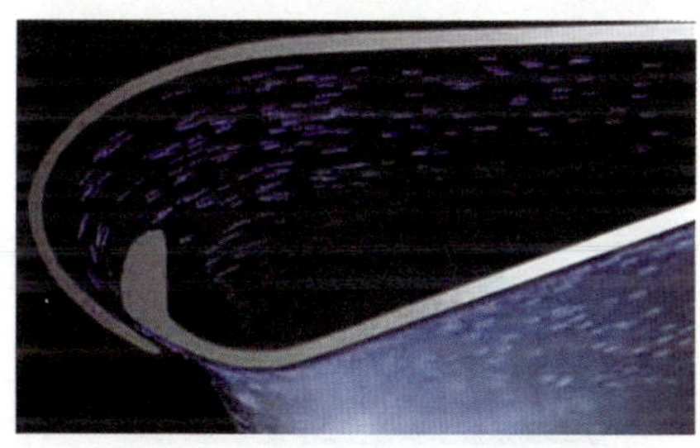
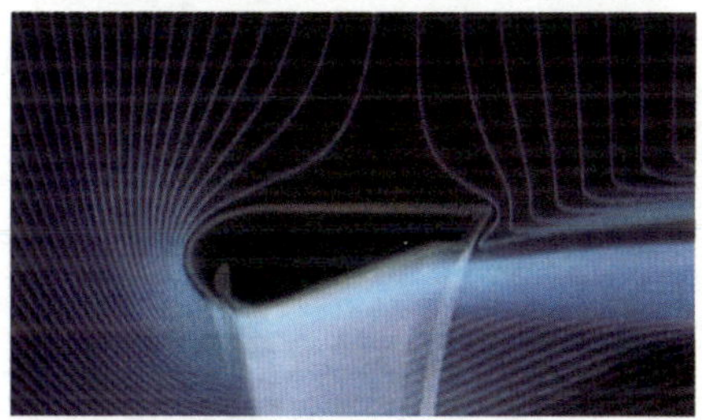
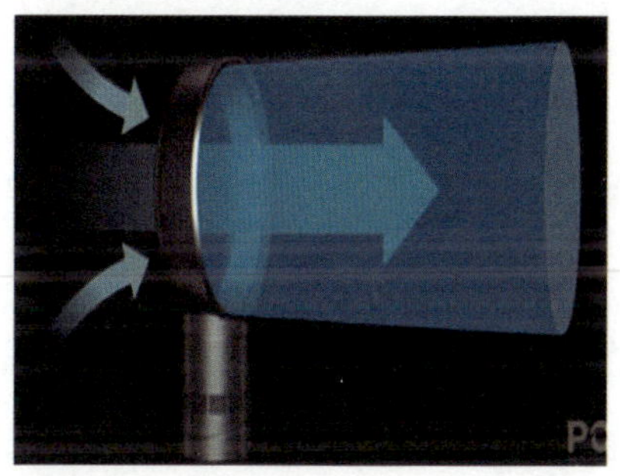
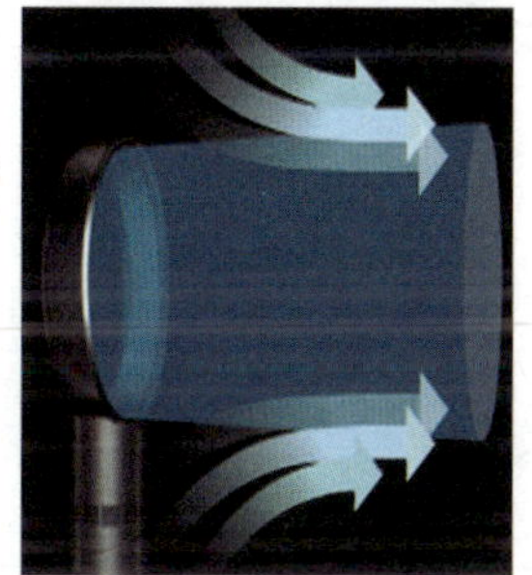

传统风扇送风方向和送风量会随着扇叶转动而改变。

无叶风扇送风方向和送风量更加稳定且均匀。

图 6.1.7

弧形狭管在日常生活中也有很广泛的应用，我们可以想办法来解决下面的地下人行通道的气流问题。在城市的交叉路口，有些设置了红绿灯来分流，有些建立了人行天桥来分流，最好的方式是建立地下人行通道来分流，既不影响城市景观，也非常安全，北京、上海等大城市有很多这种地下人行通道。如图 6.1.8 所示。

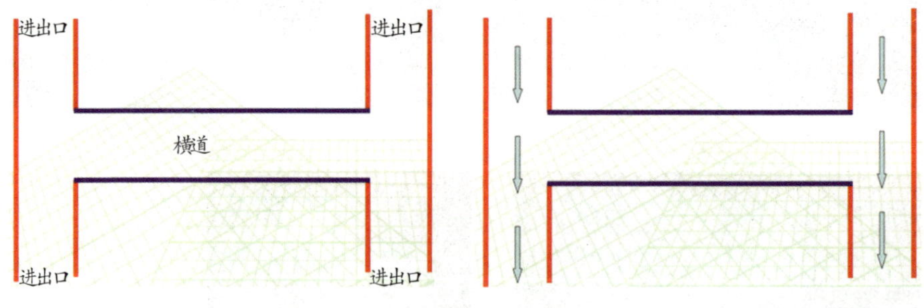

图 6.1.8

这种地下人行通道有一个缺点：空气都是直接从相对的进出口处穿过，横道部分的空气很难参与流通，这就会造成横道的空气比较污浊，且里面的金属管道容易生锈。如何以最小的成本改造一下现有的结构，使中间横道的空气参与流通？

方案可能有很多，但如果成本最低，最好的方案就是利用弧形狭管的原理和挡风原理使横道两头的空气有气压差，使空气自然流通。那就需要在横道一侧制造一个弧形狭管的结构，形成狭管效应，让横道两头产生气压差，使空气自然流通，再在另一侧造一个挡风墙，利用挡风原理加强这种效果。结构如图 6.1.9 所示。

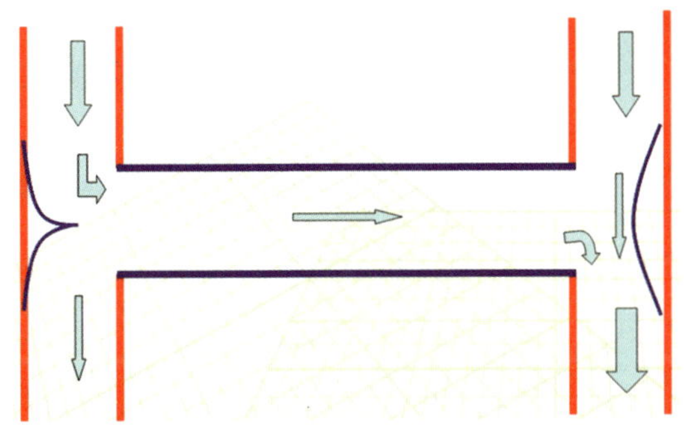

图 6.1.9

胡同狭管的生活应用，我们在第二节实践课中设计方案并制作出模型，来验证方案是否可行。其实，生活中有些问题也可用胡同狭管效应来解释，比如在农村有些“风水”大师会认为哪家的大门口正对着胡同口，一般“风水”就不好，会用一个刻着“泰山石敢当”的石头放在墙上来辟邪。其实这个问题可以用胡同狭管效应来做出一种解释。由于风在胡同里形成了狭管效应，胡同里的空气流速快、压强小，胡同两侧住户家里的气压大，所以家里的空气是向胡同里流，这样可以把家里污浊的空气、细菌等带出。而胡同口的那一家，胡同里的空气都是向他家流入的，这样其他住户家的污浊空气、细菌、病毒等都流入他家里。所以胡同口那家的空气环境可能比较恶劣，进而影响人的身体健康，再加上心理因素，就会造成不幸。当然，这只是一种科学的推理解释，具体情况还需要科学的数据来支持。

讨论总结

理解狭管效应的三种类型——无形狭管、弧形狭管和胡同狭管，并从生活中找出相对应的案例，利用这些原理解决身边的一些生活问题，并和同学进行交流。

第二环节：防风烟囱的制作实验

阅读导航：

1. 如何利用伯努利效应改造防风烟囱？

2. 防风烟囱的设计制作要点是什么？

3. 如何通过实验检验自己的设计方案是否可行、正确？

通过上节课的学习和简单任务方案的设计，对伯努利效应的科学原理有了了解，并学会了浅显的应用。本节课在第一节拓展提高内容的基础上，通过动手实践，进一步加深对伯努利效应的理解，通过实践检验方案设计的可信性，防止“纸上谈兵”。

本节课的任务是设计一个防风烟囱，同学们进行分组，对问题进行分析、探究，设计方案并制作出模型，进行实验，验证方案的可行性，完成实践任务。

在我们的日常生活中，一些工厂、农村家庭厨房的烟囱，当刮的风非常大时，大风会把烟囱里的烟压住，烟就不能顺畅地流出来，严重时还会引起烟倒灌，对生产和生活产生不利的影响，如图 6.1.10 所示。请同学们对现有的烟囱进行最小成本的改造，设计一个方案，无论风大还是风小，无论哪个方向来风，都能使烟顺畅地从烟囱里冒出来。

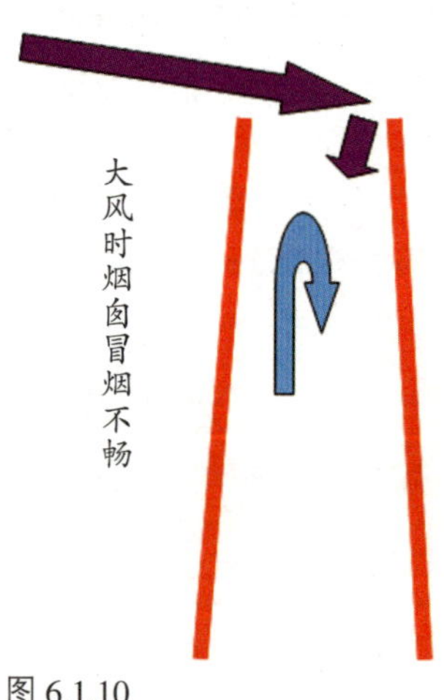

图 6.1.10

1. “防风烟囱”项目设计要求

（1）每组设计一个烟囱结构，并用所给的材料和工具制作出烟囱模型。

（2）把该模型放在风扇前面吹风，用烟雾机给模型充烟，检验哪个模型在风中出烟流畅。

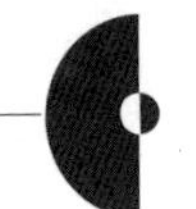

(3) 各组组长讲解作品的方案设计意图和作品制作的结构及实验效果，并完成简单的实验报告。

2. 分工合作，制作模型，并进行实验、改进。

3. 教师组织，每组依次进行实验，检验模型效果，并进行自评、组评和师评。

项目综合评价表：

“防风烟囱”项目综合评价表					
组别	组内制作分工情况	作品改进情况	作品结构外观创新情况	作品实验效果	总成绩
1 组					
2 组					
3 组					
4 组					
5 组					
6 组					
7 组					
8 组					
9 组					

各组表现优秀的学生名单：

组 别	名 单

讨论总结

各组完成实验报告。

“防风烟囱”实验报告

<table>
<tr><td colspan="4">制作者信息</td></tr>
<tr><td>年级、班级</td><td></td><td>小组组别</td><td>第　　组</td></tr>
<tr><td>组长姓名</td><td></td><td>组员姓名</td><td></td></tr>
<tr><td colspan="4"></td></tr>
<tr><td colspan="4">作品信息</td></tr>
<tr><td>作品名称</td><td colspan="3"></td></tr>
<tr><td>材料清单</td><td colspan="3"></td></tr>
<tr><td>作品结构设计及创新部分介绍</td><td colspan="3"></td></tr>
<tr><td>作品图样</td><td colspan="3"></td></tr>
<tr><td>作品实验情况</td><td colspan="3"></td></tr>
<tr><td>作品改进情况</td><td colspan="3"></td></tr>
</table>

第二节
拓扑数学与想象力

拓扑数学是数学的一个重要分支，而且很多内容非常有意思，在日常生活中也有很广泛的应用。本专题是让学生了解拓扑数学在日常生活中的应用，开拓思维，发展想象力，从而激发对数学的兴趣。

第一环节：数学中的无限与有限

阅读导航：

1. 什么是拓扑数学？拓扑数学有哪些特点？
2. 如何利用数学思维来思考问题？
3. 无限和有限可以相互转换吗？直线是环吗？

拓扑学的英文名是 Topology，直译是“地志学”，也就是和研究地形、地貌相类似的有关学科，是近代发展起来的一个研究连续性现象的数学分支，包括作为现代数学基础的以拓扑空间理论为核心内容的一般拓扑学，运用抽象代数的概念和方法为工具的代数拓扑学，进而派生出以流形为主要对象的微分拓扑学以及几何拓扑学等方面。拓扑学可简称为“拓扑”，但“拓扑”一词还可作为拓扑空间中的拓扑结构理解。发展至今，拓扑学主要研究拓扑空间在拓扑变换下的不变性质和不变量。拓扑学现已逐步渗透到现代数学的几乎所有分支，并可应用到物理、化学、生物以及经济学等学科。虽然拓扑学的结论本质上是定性的，但理论上的一些创新结果和方法被应用到其他理论往往极为重要。

我们先看一个例子：

比较并证明：0.9……无限循环和 1 的大小。

高一以前的大部分同学会异口同声地回答 1 大于 0.9……无限循环，只有极个别的视野比较开阔、思维比较活跃的同学能回答出相等。因为在学生的认知当中，0.9……无限循环无限向 1 靠近，永远达不到 1。当然，这种认知是错误的。高二的学生通过数列和极限可以证明这一点。我们也可以不用高等数学的方法证明，而利用初等数学的方法——小学四年级学的分数知识来证明这个问题。证明如下：

$$\begin{array}{ccccc} 0.999\cdots & = 0.333\cdots & + & 0.666\cdots \\ \| & \| & & \| \\ 1 & = \frac{1}{3} & + & \frac{2}{3} \end{array}$$

从上面的证明可以看出，它们是相等的，一点点都不差。这个问题很有趣，颠覆了学生原来的认知，让学生惊讶不已，从而引出无限和有限的辩证关系问题，以便学生进一步深入理解。这个题目告诉我们，1 既可以是有限的，也可以是无限的，既可以用有限的形式表达，也可以用无限的形式表达。有限和无限是事物的两个面，是辩证统一的关系。看事物的角度不同，从而看到的现象是不一样的，但可能本质是一样的。因此，做科学研究时要展开我们的想象力。我们可以从拓扑学的几个例子中来体会这个道理。

先看拓扑学中最有趣的一个例子：莫比乌斯带。莫比乌斯带就是把一张纸条其中的一头翻转 180 度，再和另一头接起来，组成的一个环。这个环有很多神奇的性质，比如，可以用剪刀沿环带的中心线剪开，看看会变成几个环，如果再继续剪呢？这些都体现了拓扑学逻辑结构的神奇。这些性质本节课不做介绍了，课下可以自己研究一下。这节课我们研究莫比乌斯带的另外两个性质：一条边，一个面。

我们知道，一条纸带有两个相互平行的边。现在我们从莫比乌斯带的一边的一点开始，沿着莫比乌斯带的边顺时针遍历。过一会儿你会发现，我们又回到了出发点。在整个遍历过程中，既没有任何重复，也没有任何遗漏和任何中断，已经把莫比乌斯带的所有的边遍历完了。这说明，看似有两条边的莫比乌斯带其实只有一条边。也就是说，这两条边其实是一条边，和普通的纸带完全不一样。遍历完边之后我们再来遍历面，一般的纸带都有正反两个面，要想从一个面到另一个面上去，必须经过边。我们让一只七星瓢虫从莫比乌斯带的一个面上的一点出发，沿着面顺时针遍历。过一会儿你会发现，七星瓢虫又回到了出发点。在整个面的遍历过程中，所有的面均遍历了一遍，既没有任何的遗漏，也没有任何的重复，也没有越过任何边界。这说明，莫比乌斯带的两个面其实是一个面。如图 6.2.1 所示。

由此看来，莫比乌斯带其实是只有一个面、一条边的图形。如果在二维空间中，一个面，一条边，就是无限的形式。二维的无限的带条边的面能用有限的形式来表达吗？能，表达出来就是莫比乌斯带。在二维空间中也可以用有限的形式来表达，那就是二维的莫比乌斯带。但二维的莫比乌斯带表达得不完美，因为边必须交叉，不交叉无法表达。在三维空间中，边没有交叉，所以能完美地表达。

图 6.2.1

现在我们拓展一下，在二维空间中有两条莫比乌斯带，即两个各带一条边的面，把两个面（莫比乌斯带）的边对在一起，使之完全重合，这两个边就消失了，变成了一个无边的无限的大面。这个二维中的无限面能用有限的形式来表达吗？能，那就是克莱因瓶。这个克莱因

图 6.2.2

瓶是三维中的克莱因瓶，它和一般的瓶子不一样。一般的瓶子有瓶内和瓶外两个面，瓶口是边界，要想从瓶子里面的面到瓶子外面的面上来，必须经过瓶口的边界。克莱因瓶内外只有一个面，没有边界，它是把瓶口延长，穿透瓶壁，深入瓶内和瓶底对接到一起。我们从面上任一点沿着面开始遍历，走完内外面之后，又回到出发点，没有任何重复和遗漏，也没越过任何边界，说明克莱因瓶只有一个面。在三维空间中，克莱因瓶表达得不完美，因为面相交了。通过莫比乌斯带的例子我们可以推理，再增加一维空间，在四维空间中，面就不相交了，就可以完美地表达克莱因瓶了。如图 6.2.2 所示。

对天文感兴趣的同学可能会思考整个宇宙是什么样子的，我认为，有可能是克莱因瓶的样子，因为著名科学家霍金曾说过："宇宙没有边界，但是是有限的。"克莱因瓶正符合这个特征。我们可以用初等数学中的有向线段来证明这一点。为了简化，我们只证明其中的任意一条线。

我们知道一条直线可以向两方无限延伸，现在我们在直线上任取固定的两点 A、B，组成线段 AB。我们规定向右的方向为正方向。C 点在直线上滑动。现在我们来看有向线段 AC 和有向线段 BC 的比值，即 AC/BC。

首先我们让 C 滑动到线段 AB 的中点，这时线段 AC 的方向为正方向，线段 BC 的方向为负方向，数值相等。那么 AC/BC 的值是-1。

正方向

A　C　B

-1

$\dfrac{AC}{BC}$

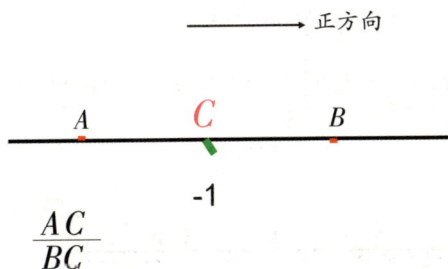

现在让 C 从 B 的左端无限向 B 靠近。AC 方向是正方向，值是一个定值；BC 方向是负方向，值趋向于零。因此 AC/BC 的值是 $-\infty$。

正方向

A　C　C　B

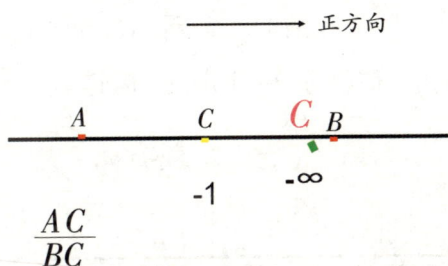

-1　$-\infty$

$\dfrac{AC}{BC}$

现在让 C 从 B 的右端无限向 B 靠近。AC 方向是正方向，值是一个定值；BC 方向是正方向，值趋向于零。因此 AC/BC 的值是 $+\infty$。

正方向

A　C　C　B　C

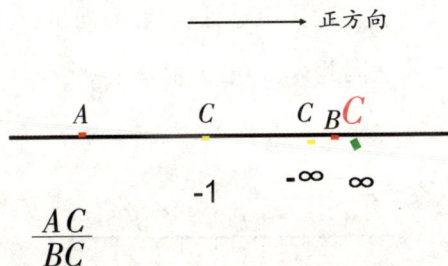

-1　$-\infty$　∞

$\dfrac{AC}{BC}$

现在让 C 滑到直线右端的无穷远处。AC 方向是正方向，值是 ∞；BC 方向是正方向，值是 ∞。因此 AC/BC 的值是 1。

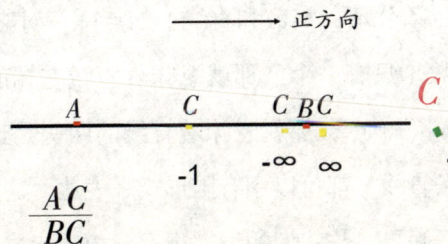

正方向

A　C　C　B　C　C

-1　$-\infty$　∞　1

$\dfrac{AC}{BC}$

现在让 C 从 A 的右端无限向 A 靠近。AC 方向是正方向，值趋向于零；BC 方向是负方向，值趋向于一个定值。因此 AC/BC 的值是−0。

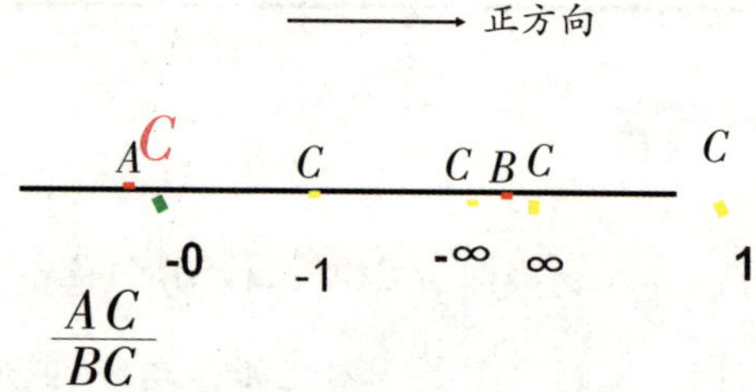

现在让 C 从 A 的左端无限向 A 靠近。AC 方向是负方向，值趋向于零；BC 方向是负方向，值趋向于一个定值。因此 AC/BC 的值是+0。

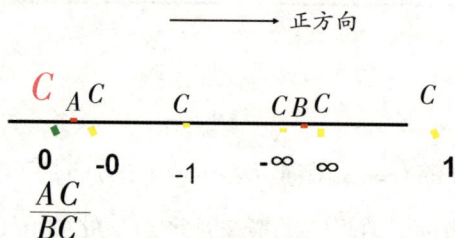

现在让 C 滑到直线左端的无穷远处。AC 方向是负方向，值是 ∞；BC 方向是负方向，值是 ∞。因此 AC/BC 的值是 1。

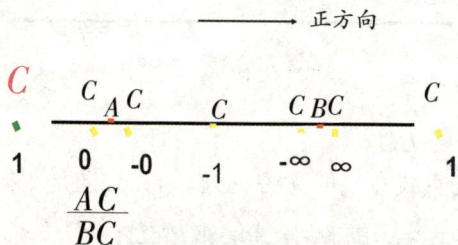

在数学上还有一条公理：实数和直线上的点一一对应。

我们知道：实数 1 只有一个，那就意味着直线左端的无穷远点和直线右端的无穷远点是同一个点，那就意味着直线的两头是连接的。所以无论克莱因瓶上的哪一条直线，都可以用有限形式来表达。这里面的科学背景令人深思，也让人大开眼界。与我们的天文望远镜相比，数学能看得更远。

通过以上有向线段的证明，让我们展开丰富的想象，进一步理解有限和无限的关系，从而对数学所起到的作用刮目相看，引起对数学的浓厚兴趣。复杂的问题竟然可以用简单的初等数学的方法加以证明，激起我们的好奇心。

拓展延伸：剪开莫比乌斯带，把莫比乌斯带沿中心线剪开，会出现什么结果？继续做下去呢？

讨论总结

数学的思维方式，高维空间的特点。

第二环节：拓扑数学游戏实验

阅读导航：

1. 莫比乌斯带的特点是什么？
2. 把莫比乌斯带进行 N 等分的规律是什么？
3. 九连环的解法是什么？

拓扑所研究的是几何图形的一些性质，它们在图形被弯曲、拉大、缩小或任意的变形下保持不变，只要在变形过程中不使原来不同的点重合为同一个点，又不产生新点。换句话说，这种变换的条件是：在原来图形的点与变换了图形的点之间存在着一一对应的关系，并且邻近的点还是邻近的点。这样的变换叫作拓扑变换。

数学上流传着这样一个故事。有人曾提出，先用一张长方形的纸条，首尾相粘，做成一个纸圈，然后只允许使用一种颜色，在纸圈上的一面涂抹，最后把整个纸圈全部涂抹成一种颜色，不留下任何空白。这个纸圈应该怎样粘？如果是纸条的首尾相粘做成的纸圈有两个面，势必要涂完一个

图 6.2.3

面再重新涂另一个面，不符合涂抹的要求。对于这样一个看起来十分简单的问题，数百年间，曾有许多科学家进行了认真研究，结果都没有成功。后来，德国数学家莫比乌斯对此产生了浓厚兴趣，他长时间专心思索、试验，最后做成了一种纸圈，如图 6.2.3 所示。这种纸圈也被叫作莫比乌斯带。

下面，我们可以动手实践，探究莫比乌斯带的拓扑性质。

莫比乌斯带是一种单侧、不可定向的曲面，将一个长方形 ABCD 纸条的一端 AB 固定、另一端 CD 扭转半周后，把两端粘合在一起 ，得到的曲面就是莫比乌斯带，也称莫比乌斯圈、莫比乌斯环，如图 6.2.4 所示。

它的奇妙之处有三：

1. 莫比乌斯环只存在一个面。

2. 如果沿着莫比乌斯环的中间剪开，将会形成一个比原来的莫比乌斯环空间大一倍的、具有正反两个面的环（编号为环 0），而不是形成两个莫比乌斯环或两个其他形式的环。

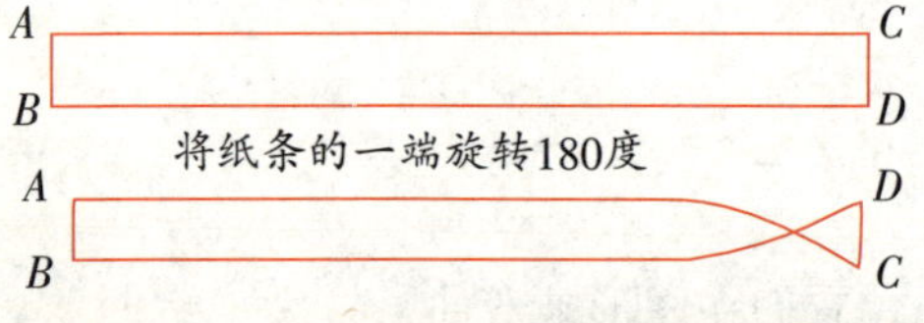

3. 如果再沿着环 0 的中间剪开，将会形成两个与环 0 空间一样的、具有正反两个面的环，且这两个环是相互套在一起的（编号为环 1 和环 2），从此以后，再沿着环 1 和环 2 以及因沿着环 1 和环 2 中间剪开所生成的所有环的中间剪开，都将会形成两个与环 0 空间一样的、具有正反两个面的

图 6.2.4

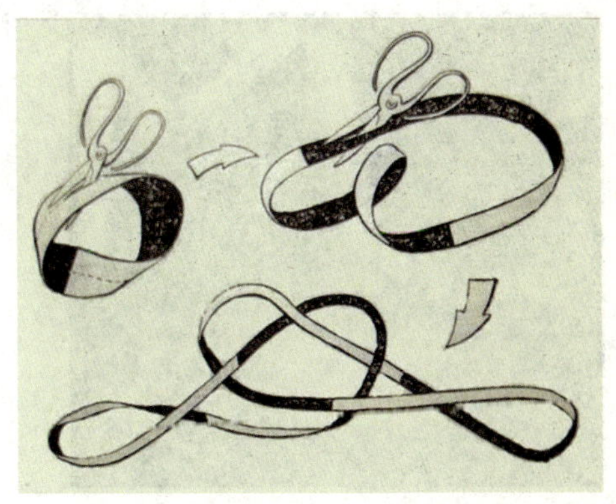
图 6.2.5

环，永无止境，且所生成的所有的环都将套在一起，永远无法分开，永远也不可能与其他的环不发生联系而独立存在。如图 6.2.5 所示。

请同学们仔细观察和实践，理解莫比乌斯带的这些拓扑逻辑关系。

我们可以通过下面的实践体验，总结莫比乌斯带拓扑结构的特点。

1. 用 A4 复印纸剪出 2 厘米宽的长纸条，最好剪 10 根以上，用于反复实验。还可以把每一根纸条的两端都编上序号，如正面分别编 1、2，2 的背面编 3，1 的背面编 4。

2. 拿一根纸条，直接把两端（即 1 和 3 或 2 和 4）粘贴在一起，形成一个环。想一想：这个环有几个面？可以看出有内、外两个面。再用彩笔给整个纸圈涂上一种颜色，涂完一个面翻过来再涂另一个面。

3. 再拿一根纸条，捏着一端，另一端扭转 180°，再把两端（即 1 和 2 或 3 和 4）粘贴起来，得到一个莫比乌斯环。想一想：这个环有几个面？1个面还是 2 个面？请用彩笔给整个纸圈涂上一种颜色，连续不断地可以涂完整个纸圈。最后可以发现：莫比乌斯环只有一个面。

4. 比较这两个环：第一个环一个面向内，一个面向外。第二个环只有一个面，一会儿向内，一会儿向外，有时既不向内也不向外；总之，方向不一定。

5. 拿出几根纸条，分别画线把纸条 2 等分、3 等分、4 等分、5 等分，再做成几个莫比乌斯环。

6. 用剪刀沿着第一个环的中线剪开纸环，结果是两个较窄的纸环。

7. 2 等分莫比乌斯环，用剪刀沿线剪开，把纸环一分为二。猜一猜，得到什么结果？可能直观地认为也是两个纸圈。展开纸圈，结果是一个比

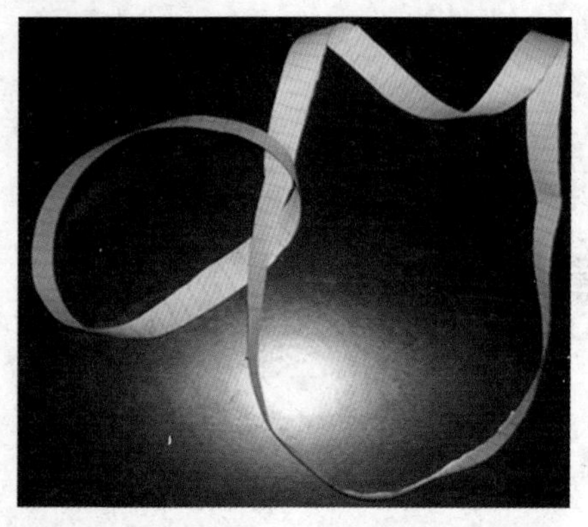
图 6.2.6

原来的莫比乌斯环空间大一倍的、具有正反两个面的环（即一个环 0，下同）。

8. 3 等分莫比乌斯环，用剪刀沿线剪开，把纸环一分为三。猜一猜，得到什么结果？可能认为是一个比环 0 更大的纸圈。展开纸圈，结果是一个环 0 套着一个小环，如图 6.2.6 所示。

9. 4 等分莫比乌斯环，用剪刀沿线剪开，把纸环一分为四。展开纸圈，结果是两个环 0。

10. 5 等分莫比乌斯环，用剪刀沿线剪开，把纸环一分为五。展开纸圈，结果是两个环 0 套着一个小环。

11. 把 2 等分的环 0 沿着中间剪开，把纸环一分为二。展开纸圈，结果是与环 0 空间一样的、相互套在一起的环 1 和环 2。

12. 把环 1 和环 2 继续剪开，结果是与环 0 空间一样的、相互套在一起的环①、环②、环③和环④。

13. 想象把环①、环②、环③和环④继续剪开，结果是 8 个与环 0 空间一样的、相互套在一起的环。想象把 8 个环继续剪开，结果是 16 个与环 0 空间一样的、相互套在一起的环。所有的环都将套在一起，永远无法分开。

从上面的实践中，可以得出一些推论：N 等分莫比乌斯带，如果 N 为偶数，会得到互锁的 $N/2$ 个环 0；如果 N 为奇数，会得到互锁的 $N/2$ 个环 0 和一个互锁的小莫比乌斯带。

莫比乌斯带在生活和生产中有很多应用。

在古代，有一个小偷偷了一位农民的东西，并被当场捕获。小偷被送到县衙，县官发现小偷正是自己的儿子，于是在一张纸条的正面写上“小偷应当放掉”，而在纸条的反面写了“农民应当关押”。县官将纸条交给执

事官，由他去办理此事。聪明的执事官将纸条扭了个弯，用手指将两端捏在一起，然后向大家宣布：根据县太爷的命令放掉农民，关押小偷。县官听了大怒，责问执事官。执事官将纸条捏在手上给县官看，从“应当”二字读起，确实没错，仔细观看字迹，也没有涂改。县官不知其中奥秘，只好自认倒霉。

县官知道执事官在纸条上做了手脚，怀恨在心，伺机报复。一日，县官又拿了一张纸条，要执事官一笔将正反两面涂黑，否则就要将其拘役。执事官不慌不忙地把纸条扭了一下，粘住两端，提笔在纸环上一划，又拆开两端，只见纸条正反面均被涂上黑色。县官的毒计又落空了。

这个故事很好地反映出“莫比乌斯带”的拓扑逻辑特点。

1979 年，美国著名轮胎公司百路驰创造性地把传送带制成莫比乌斯圈形状，这样一来，整条传送带环面各处均匀地承受磨损，避免了普通传送带单面受损的情况，使得其寿命延长了整整一倍。如图 6.2.7 所示（上面是普通传送带，下面的是莫比乌斯传送带）。

图 6.2.7

游乐场里的莫比乌斯梯

莫比乌斯环衣架

莫比乌斯带座椅

莫比乌斯带建筑

图 6.2.8

在拓扑学中，除了莫比乌斯带以外，还有许多有趣的拓扑游戏，让我们一起来实践探究一下：

1. “越狱问题”。

从前有一位国王，把两名反对他的人以莫须有的罪名抓进了监狱。狱中牢房的墙根有一个小洞，大小恰好能让一个人爬过。为了防止犯人逃跑，国王下令用手铐和铁链把两人的手互相套着锁在一起（图 6.2.9）。

试问：你能帮助这两名无辜的犯人先与对方分开，再从小洞一个个逃出去吗?

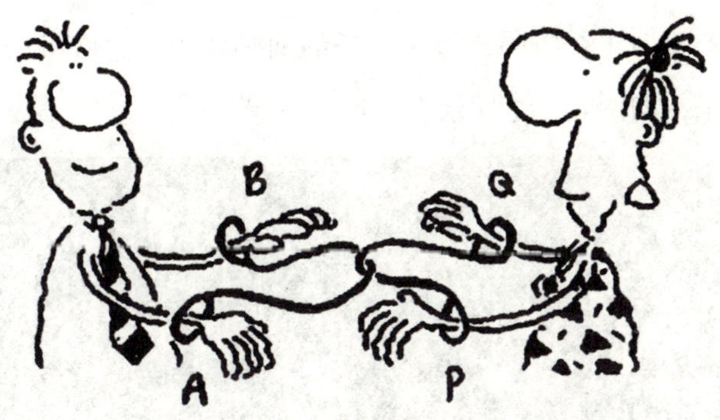

图 6.2.9

这是一个拓扑几何的变换逻辑游戏，详细描述一下是：

首先，绳子的一端绕在左面犯人的右手腕 A 上，另一端绕着他的左手腕 B。另一条绳子的一端绕在右面犯人的左手腕 P 上，穿过左面犯人的绳子后再将另一端系在右面犯人的右手腕 Q 上。

如何解开呢？按下面的方法进行。右面的犯人先抓住绕在自己手上的绳子的中间部分，然后将绳子穿过左面犯人右手腕 A 的绳圈，穿越的方向是从手腕的内部顺着手肘的方向到手掌端，随后将绳子回绕过手掌而伸出到手的外侧，此时两个犯人就可以分开了，他们的手腕仍然绑着，可是两人没有被绑在一起了。要注意的是，如果没有完全依照上面的方法，将会使两条绳子纠缠得更严重。

2. 九连环问题

九连环是中国的一种古老玩具，蕴藏着很深的哲理。

(1) 九连环的结构

如图 6.2.10 所示，九连环是由九个环通过九根杆相连的，有一个手柄穿过，游戏的目的就是要将手柄从环中取出。

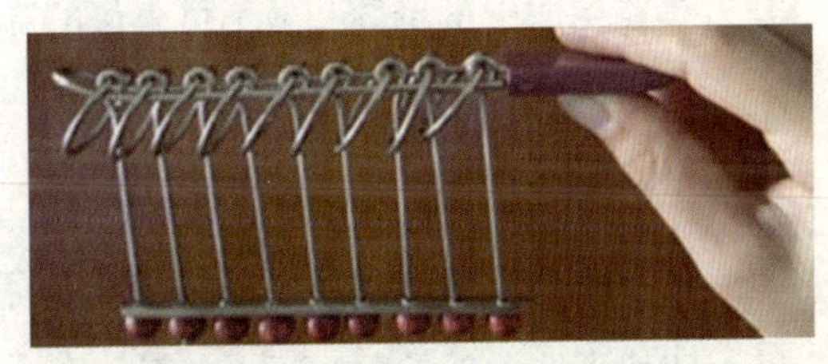

图 6.2.10

⑵ 基本技法

有两种最基本的方法可以不使用任何手段将环从手柄上解脱下来。第一种如图 6.2.11 所示，将第一环从手柄的前端绕出，它就可以从手柄的中缝中掉落下来，如图 6.2.12 所示，从而解下第一环。

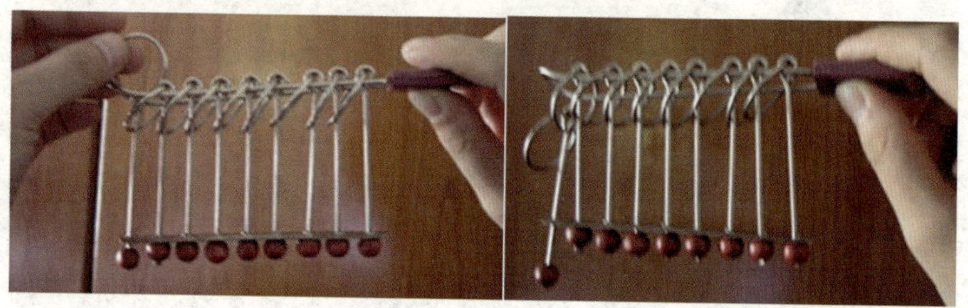

图 6.2.11

图 6.2.12

第二种方法如图 6.2.13 所示，我们可以将九连环的前两个环一起从手柄的前端绕出，从手柄的中缝里放下，从而解下第一环和第二环，如图 6.2.14 所示。

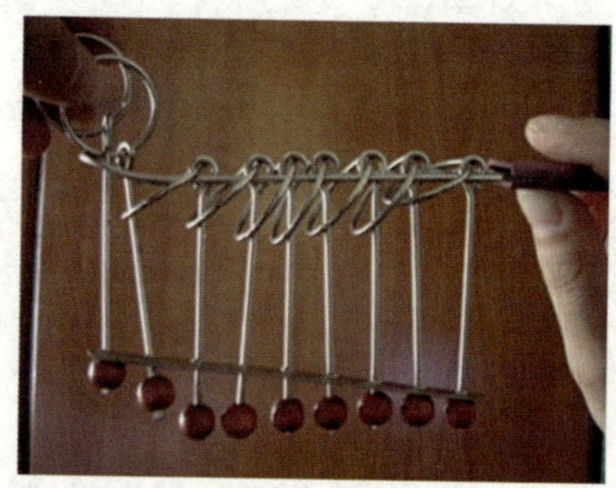

图 6.2.13

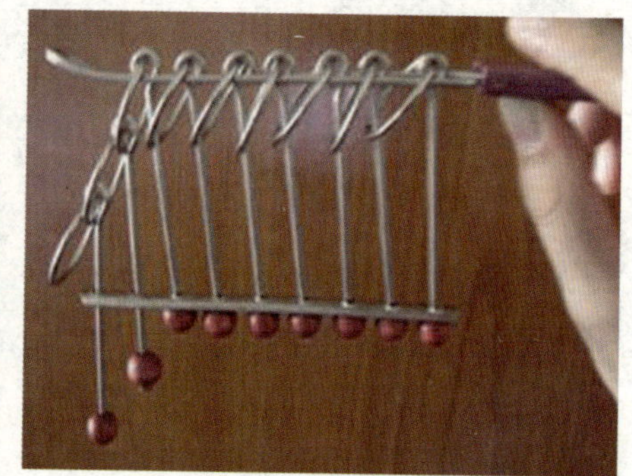

图 6.2.14

这两种解法是最基本的，它们构成了九连环解法的基础，也是这种玩具在构成中最奇妙和最不可思议的部分，因为正是这种解法的模糊性（它就像环结构中的一个初始化缺陷或者边界的坍塌）可以组合成相互对立统一的两种序列，从而推动环环相解。九连环的这种初始的不确定性有点像量子的模糊性。实际上，我们可以将第一种解法叫作感性，第二种解法就叫作理性，是矛盾的两个方面。

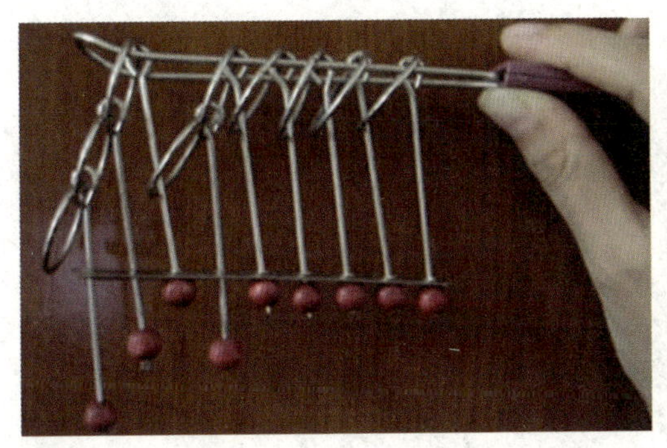
图 6.2.15

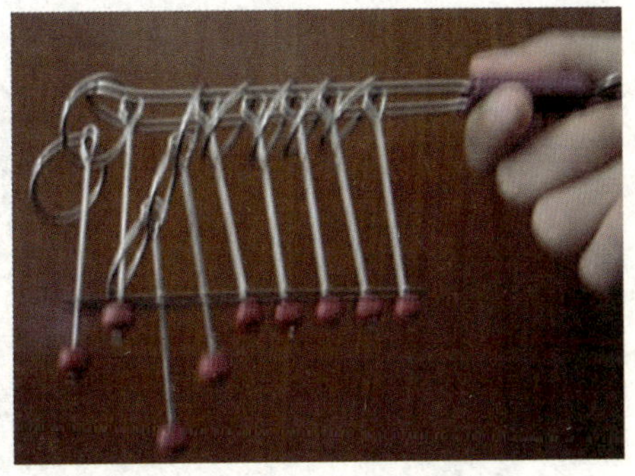
图 6.2.16

(3) 飞跃

在前述的两种基本技法之外，还有一种技法是必须特别指出的，它叫飞跃。如图 6.2.14 所示，在前两环解下之后，第三环是解不下来的，但是，第四环可以解下来。如图 6.2.15 所示，第四环可以绕过手柄的前端，从中缝中落下。这种避开需要马上解下的环而解它上一层次的环的方法，叫作飞跃。

(4) 演绎

那么下面的任务就是解下前面三个环，我们将由飞跃产生的环所确定的解环过程叫作演绎，因为它是自上而下的，如图 6.2.16 所示。

从图 6.2.16 中我们还不难看出，当前两环解下后，前四环就都解下了，这时第五环显露出来，可以解下（飞跃）第六环。于是，按照二、四、六、八这样的顺序，解环过程可以完成偶数的飞跃、奇数的演绎，直至环全部解开。当然，我们也可以从解一环开始，形成奇数的飞跃、偶数的演绎。

九连环的每个环互相制约，只有第一环能够自由上下。要想下/上第 n 个环，就必须满足两个条件（第一个环除外），一是：第 $n-1$ 个环在架上；二是：第 $n-1$ 个环前面的环全部不在架上。玩九连环就是要努力满足上面的两个条件。解下九连环本质上要从后面的环开始下，而先下前面的环，是为了下后面的环，前面的环还要装上，不算是真正地取下来。

要想下第九环，必须满足以下两个条件：第八环在架上；而第一至七环全部不在架上。在初始状态，前者是满足的，现在要满足后者。照这样推理，就要下第七环，一直推出要下第一环，而不是下第二环。先下第二环是偶数连环的解法。上下第二环后就要上下第一环，所以在实际操作中就同时上下第一、二环，这是两步。

九连环在任何正常状态时，都只有两条路可走：上某环和下某环，别的环动不了。其中一条路是刚才走过来的，不能重复走，否则就弄回去了。这样，就会迫使连环者去走正确的道路。而很多人由于不熟悉，常走回头路，导致解不了九连环。首次解九连环要多思考，三个环上下的动作要练熟，记住上中有下，下中有上。熟练后会有更深刻的理解，不需要推理了。

下面是解下九连环前五个环的具体步骤：

步骤：	1	2	3	4、5	6	7、8	9	10
移动：	下一	下三	上一	下一二	下五	上一二	下一	上三
步骤：	11	12、13	14	15、16	17	18	19	20、21
移动：	上一	下一二	下四	上一二	下一	下三	上一	下一二

另一种拆法：把框架和九个圆环分开，如左手持框架柄，右手握环，从右到左编号为1~9将环套入框架为“上”，取出为“下”。

拆法：下1下3、上1下1、2下5，上1、2下1上3，上1下1、2下4，上1、2下1上3，上1下1、2下7，上1、2下1上3，上1下1、2上4，上1、2下1下3，上1下1、2上5，上1、2下1上3，上1下1、2下4，上1、2下1下3，上1下1、2下6，上1、2下1上3，上1下1、2上4，上1、2下1下3、上1下1、2下5，上1、2下1上3，上1下1、2下4，上1、2下1下3，上1下1、2下9为拆下第一环，按上法可拆下8、7、6、5、4、3、2、1环。

装法：右手持框柄，左手拿圆环上1、2下1上3，上1下1、2上4，上1、2下1下3，上1下1、2上5，按以上方法可以全部装上。

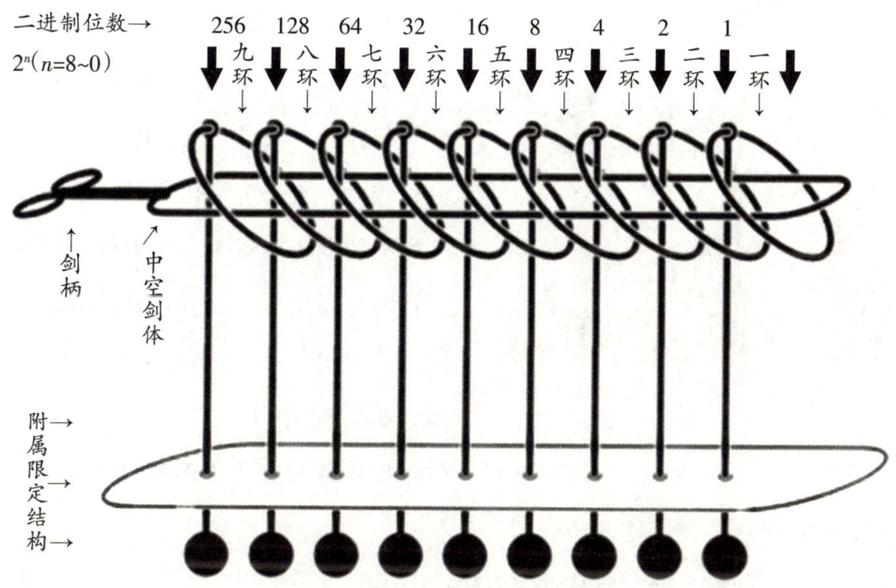

图 6.2.17 九连环图示

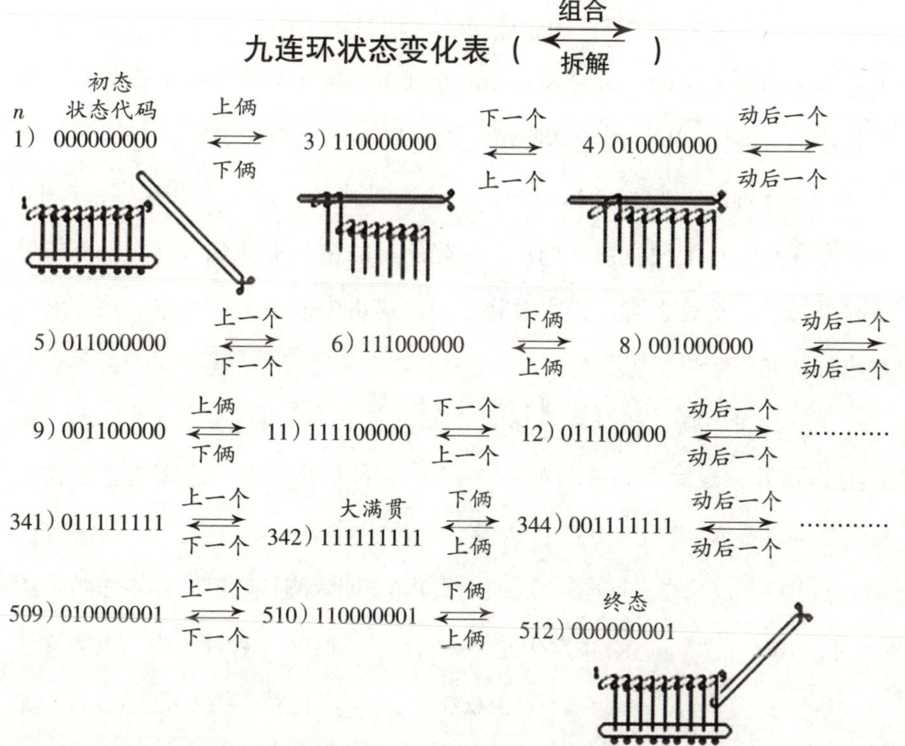

图 6.2.18 九连环数学表示状态解法

3. 汉诺塔问题

图 6.2.19

汉诺塔是根据一个传说形成的一个问题：有三根杆子 A、B、C，A 杆上有 N 个（$N>1$）穿孔圆盘，盘的尺寸由下到上依次变小，要求按下列规则将所有圆盘移至 C 杆：每次只能移动一个圆盘，大盘不能叠在小盘上面。如图 6.2.19 所示。

提示：可将圆盘临时置于 B 杆，也可将从 A 杆移出的圆盘重新移回 A 杆，但都必须遵循上述两条规则。

问：如何移？最少要移动多少次？

一位法国数学家曾编写过一个印度的古老传说：在贝拿勒斯（在印度北部，今称“瓦拉纳西”）的圣庙里，一块黄铜板上插着三根宝石针。印度教的主神梵天在创造世界的时候，在其中一根针上从下到上地穿好了由大到小的 64 片金片，这就是所谓的汉诺塔。不论白天黑夜，总有一个僧侣在按照下面的法则移动这些金片：一次只移动一片，不管在哪根针上，小片必须在大片上面。僧侣们预言，当所有的金片都从梵天穿好的那根针上移到另外一根针上时，世界就将在一声霹雳中消灭，而梵塔、庙宇和众生也都将同归于尽。

不管这个传说的可信度有多大，如果考虑一下把 64 片金片，由一根针上移到另一根针上，并且始终保持上小下大的顺序，这需要多少次移动呢？这里需要递归的方法。假设有 n 片，移动次数是 $f(n)$，显然 $f(1)=1$，$f(2)=3$，$f(3)=7$，且 $f(k+1)=2\times f(k)+1$，此后不难证明 $f(n)=2^n-1$。$n=64$ 时，$f(64)=2^{64}-1=18446744073709551615$。假如每秒钟一次，共需多长时间呢？一个平年 365 天有 31536000 秒，闰年 366 天有 31622400 秒，平均每年 31556952 秒，计算一下，$18446744073709551615/31556952=$

584554049253.855 年。

这表明移完这些金片需要 5845 亿年以上，而地球存在至今不过 45 亿年，太阳系的预期寿命据说也就是数百亿年。真的过了 5845 亿年，不说太阳系和银河系，至少地球上的一切生命，连同梵塔、庙宇等，都早已灰飞烟灭。

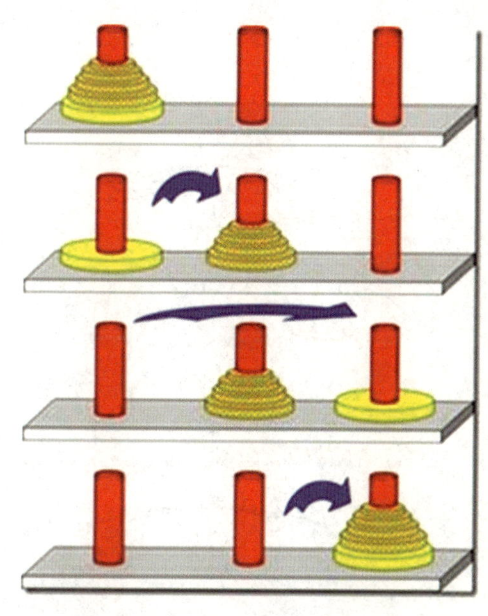

图 6.2.20

汉诺塔的算法其实非常简单，当盘子的个数为 n 时，移动的次数应等于 2^n-1（有兴趣的可以自己证明一下）。后来，一位美国学者发现一种出人意料的简单方法，只要轮流进行两步操作就可以了。首先把三根柱子按顺序排成品字形，把所有的圆盘按从大到小的顺序放在柱子 A 上，根据圆盘的数量确定柱子的排放顺序：若 n 为偶数，按顺时针方向依次摆放 A、B、C；若 n 为奇数，按顺时针方向依次摆放 A、C、B。

(1) 按顺时针方向把圆盘 1 从现在的柱子移动到下一根柱子，即当 n 为偶数时，若圆盘 1 在柱子 A 上，则把它移动到 B 上；若圆盘 1 在柱子 B 上，则把它移动到 C；若圆盘 1 在柱子 C 上，则把它移动到 A。

(2) 接着，把另外两根柱子上可以移动的圆盘移动到新的柱子上，即把非空柱子上的圆盘移动到空柱子上，当两根柱子都非空时，移动较小的圆盘。这一步没有明确规定移动哪个圆盘，你可能以为会有多种可能性，其实不然，可实施的行动是唯一的。

(3) 反复进行(1)(2)操作，最后就能按规定完成汉诺塔的移动。

所以结果非常简单，就是按照移动规则向一个方向移动金片。如 3 阶汉诺塔的移动：A→C，A→B，C→B，A→C，B→A，B→C，A→C，图

6.2.21 分别给出了 1 个、2 个、3 个盘子的移动示意图。汉诺塔问题也是程序设计中的经典递归问题。

图 6.2.21

讨论总结

拓扑游戏的类型、玩法及逻辑关系。

第三节 光的奇妙现象

光学是研究光（电磁波）的行为和性质，以及光和物质相互作用的物理学科。传统的光学只研究可见光，是关于光和视见的科学，早期只用于跟眼睛和视见相联系的事物。现代光学已扩展到对全波段电磁波的研究，是物理学的一个分支，解释了光的现象及特性。本节主要介绍平面镜成像原理及其拓展应用。平面镜成像是日常生活中经常见到的现象，非常普通，但是如果我们对平面镜成像加以拓展，就会展现出丰富多彩的现象。本节 2 课时，其中第二节为实践课。

第一环节：平面镜成像与立体成像

阅读导航：

1. 平面镜成像的规律是什么？平面镜成像如何拓展？

2. 立体成像的原理是什么？

3. 如何把平面的图像变成立体的图像？

当照镜子时，你可以在镜子里看到另外一个“你”，镜子里的“人”就是你的“像”。这是一种物理现象，是指太阳光或灯光照射到人的身上，之后被反射到镜面上，平面镜又将光反射到人的眼睛里，因此我们看到了自己在平面镜中的虚像。

平面镜所成像的大小与物体的大小相等，像和物体到平面镜的距离相等，像和物体的连线与镜面垂直。平面镜成像的规律也可以表述为：平面

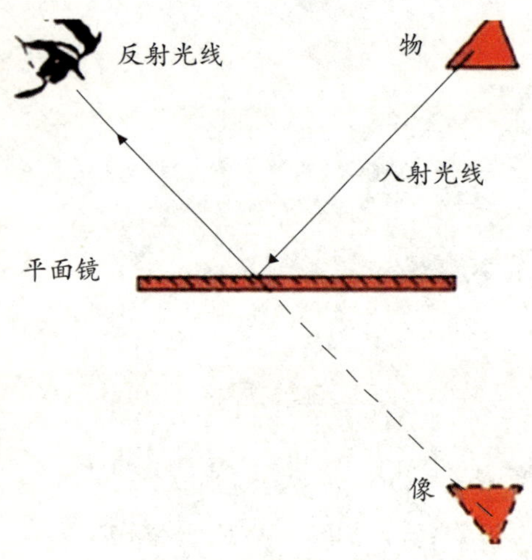

图 6.3.1　平面镜成像原理

镜所成的像与物体关于镜面对称。

在实验中，平面镜也常常用透明玻璃代替，这样做的好处是：既能看到物体的像，同时也能看到在物体像位置的物体。这样就可以形成物像重合的影像，利用这个性质可以做出许多有趣的实验。

比如，在图 6.3.2 中，如果我们在蜡烛像的位置摆放一个透明的烧杯，并向烧杯中慢慢倒入水，就会看到蜡烛在水中燃烧的奇特影像，如图 6.3.3 所示。

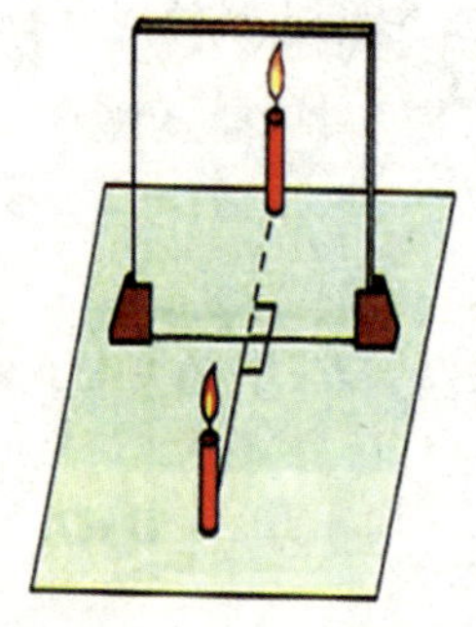

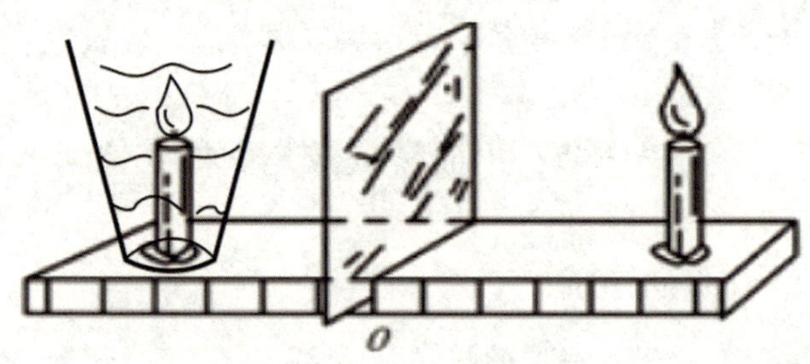

图 6.3.2

图 6.3.3

图 6.3.4

在科技馆中也经常见到一个名为“是你还是我？”的科技展品，如图 6.3.4 所示。展品是一个半透明的玻璃，并配有两个灯。两个人站在玻璃两侧，使人像重合，手动开关调整灯光的亮度，就可以改变像和人的亮度。当达到合适的亮度时，像和人的亮度基本一致，就造成了人像重合，

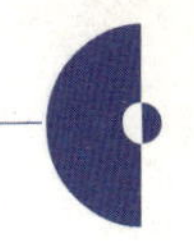

所以两个人看起来，既像你也像他。

如果两个平面镜成一定的角度摆放，就构成了转角镜。转角镜由一个可固定的镜子和一个可旋转的镜子组成，或者是由两个都可旋转的镜子组成，镜子边界之间的连接是铰接。把物体放在两个镜子之间就会发现有多个图像，且两个镜子的夹角不同，成像的个数也不同。

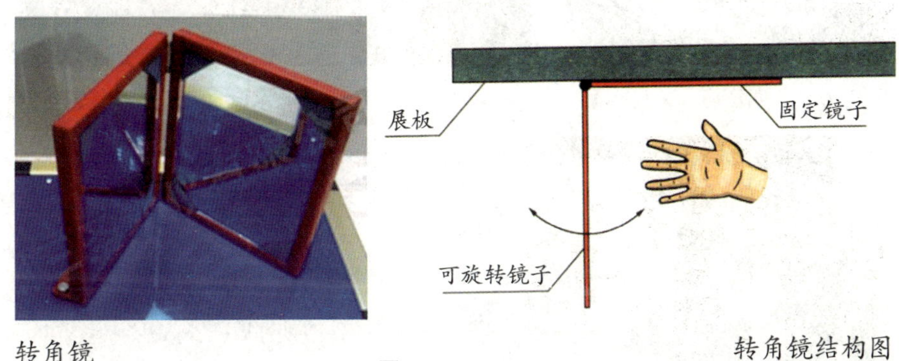

转角镜　　转角镜结构图

图 6.3.5

科学家早就发现：转角镜（夹角小于 90 度）反射图像的数目可以用一个简单公式算出，即 360 度除以镜子的夹角角度，其商就是可见图像数（包括实物本身）。例如：转角镜的两镜夹角为 60 度，若放置一只手于两镜夹角中，则按上面的公式可见 6 只手；夹角为 90 度，可见 4 只手，夹角为 0.3 度，可见 1200 只手；如果夹角接近 0 度，成像的数量就无法计算了，因为反射的图像在镜子之间开始了几乎无限次的反射。不过，这仅仅是理论上的计算，由于镜面反射光线存在衰减问题，所以后面的反射成像就会越来越暗淡。比如，我们可以在两面镜子之间放上一圈 LED 灯，并点亮，其中一面镜子是贴膜的半透镜。我们从半透镜的一面看过去，就会看到 LED 灯在两个平面镜中形成的阶梯状的无数个像，这无数个像就组成了深远的隧道（图 6.3.6）。

如果多个成角度的镜子交错放在一起，就组成了镜子迷宫。它是由成 60 度和 120 度的镜子组成的镜子迷宫，人到里面之后会看到无数个通道，这就是平面镜多次成像使人产生的错觉（图 6.3.7）。

图 6.3.6 花的隧道

图 6.3.7 镜子迷宫

图 6.3.8 腾空而起

如果转角镜的度数是 90 度，还会形成另外一个科技展品——腾空而起（图 6.3.8）。它是成 90 度摆放的两个平面镜，人站在其中一个平面镜的边上，身体的对称线对准镜子的棱，使身体一半在镜子前面、一半在镜子后面，让身体的一半成像，从侧面看就会看到成像的半个身子在镜子夹角处由两个镜子各自成的半个人像，组成了一个完整的人像。如果成像的腿离地抬起，就会发现整个完整的人像就腾空而起。

如果将身子向里或者向外稍微移动一下，你还会发现所成的完整的人像还能变胖和变瘦。

如果把转角镜和特定的图案配合，还能实现魔术般的变化。例如：科技展品隐身人（图 6.3.9）和魔箱（图 6.3.10），都是利用平面镜成像的对称性让人产生错觉。

隐身人是把成 90 度的平面镜放在特定的图案里，形成了一个空间。人可以站在空间中，露出空间的人能被看到，露不出来的无法被看到。但由于镜子的对称反射，两侧的图案形成的图像和人后的墙壁的图案完全一样，所以，离远了，看的人就以为看到了人后的图案，形成了人是透明的

图 6.3.9　隐身人

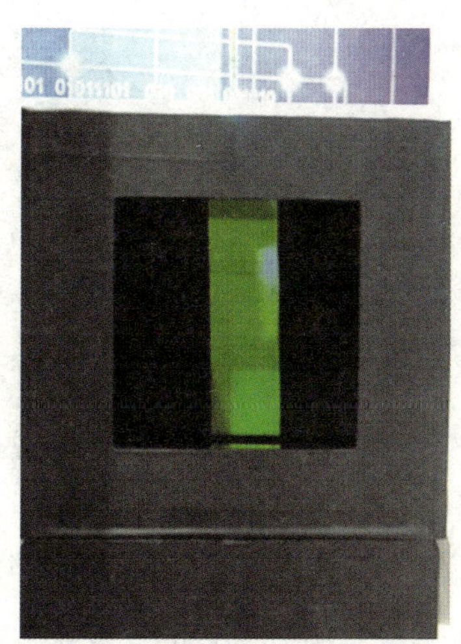

图 6.3.10　魔箱

错觉，所以人就“隐形”了。

魔箱也是同样的道理，不过魔箱中的镜子和底面形成的是 45 度角，这样就会形成一个 45 度角的像。站在箱子前面的人看来，就是 90 度，以为看到了整个箱子，其实镜子后面的空间是看不到的。如果我们在魔箱上面开一个洞，向洞里放一个亮着的灯泡，在箱子前面是看不到这个灯泡的，以为灯泡无缘无故地消失了，形成了错觉。

转角镜还有一个很广泛的应用——万花筒，万花筒内部是由 3 面角镜封闭组成的全等三角柱，根据公式不难算出可以形成 3 组、18 个图案。

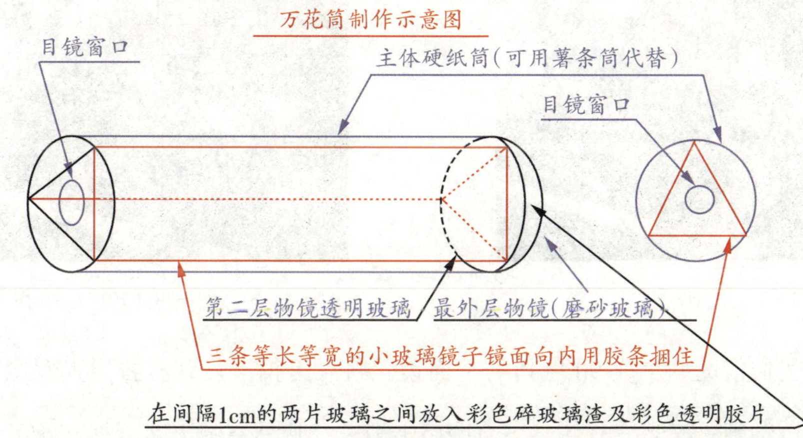

图 6.3.11

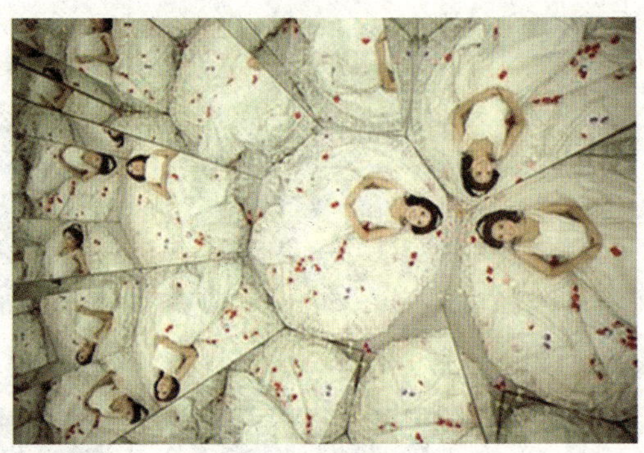

图 6.3.12

利用平面镜也可以演示立体成像的原理。立体成像是由于人双眼的视差形成的，单眼是没有视差的。成年人的双眼大约相隔 5.8~7.2 厘米。在观察某一物体时，两只眼睛从不同的位置和角度注视该物体，很显然左眼和右眼看到的形状及位置是不一样的，正是这种视觉差异在我们的大脑中合成了所见物体的立体形状及位置信息。实验还证明，被观察物体距离我们双眼看清物体的点越近、视差越大，获得的立体感就越强；而离我们 500 米以外的物体，立体感就很小了。

我们站在一个位置对一盆花进行拍照，人头不动，用相机在左眼处拍摄一张照片，叫作左眼的像，再用相机在右眼处拍摄一张照片，叫作右眼的像。

图 6.3.13　左眼视野

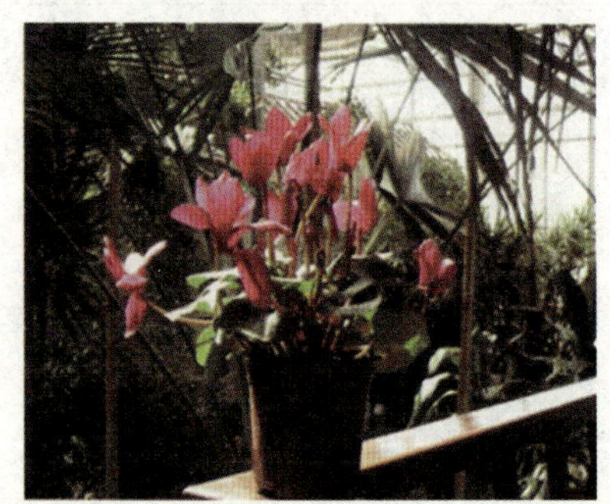

图 6.3.14　右眼视野

我们借助两个成 90 度角的平面镜，将人工拍摄且具有普通人双眼视差的两幅画，分别展现在观察者的双眼前，并在其大脑中复合成一幅立体

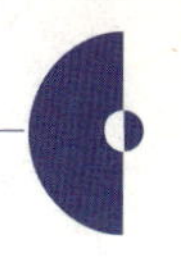

的画面，使其获得物体真实的空间感觉，从而了解人类是如何通过双眼获取立体空间信息的。装置结构图如图 6.3.15 所示（俯视图）。

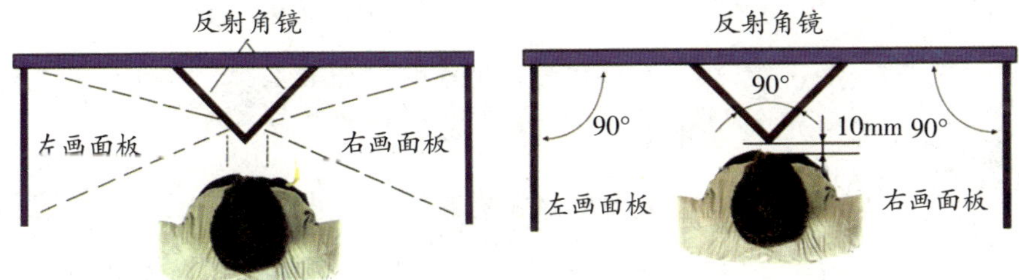

图 6.3.15

把左眼像贴于左画面板，右眼像贴于右画面板，鼻子对准两镜交界处的棱，距离 10mm 左右，眼睛视线和镜子成 45 度角，让左眼通过左面的镜子看左眼的像，右眼通过右面的镜子看右眼的像，就会发现它是有层次感的立体图像（图 6.3.16）。

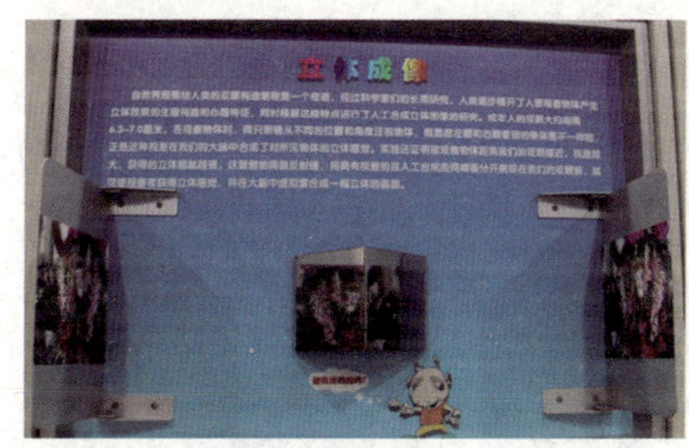

图 6.3.16　展品实物图

一双眼看物体有视差，单眼是没有视差的，我们可以通过两个小实验体验一下单眼没有距离感。

实验一：单眼抓纸条。

把一张纸剪成多个纸条，粘到一根木条上，并编上号，使它们纵向对着你，想好一个编号，闭住一只眼睛，只用一只眼睛去抓纸条编号，你会发现成功的概率很小，很难抓住。由此可见，单眼是不能准确地判断距离的，双眼就好得多。

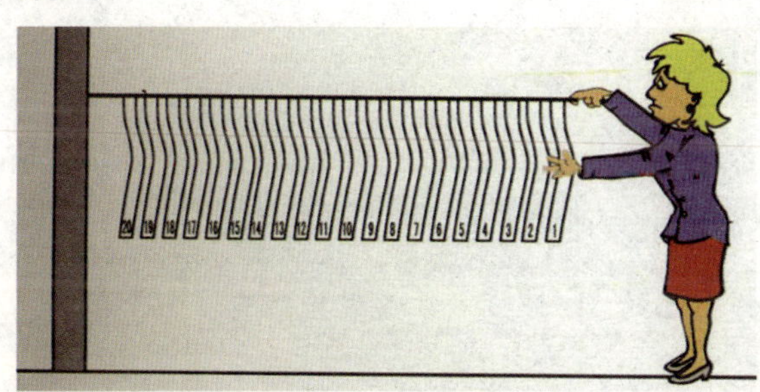

图 6.3.17

实验二：笔帽套不上。

拿着圆珠笔和相应的笔帽，双臂向前伸直，与肩同宽，一手拿笔，一手拿笔帽。闭上一只眼睛，然后不要犹豫，把笔帽套在笔上。怎么样：是不是失败了？

人要依靠左右眼的视差来测量自己与物体之间的距离，也就是说，人要用左眼、物体和右眼做“三点测量”，因此一只眼睛是无法准确判断距离的。

图 6.3.18

看较远的物体时，视差会变小，因此，如果两个人同时从远处走来，我们一般很难判断谁更近一些。同样的道理，其实天上的星星和地球的距离相差非常大，但是因为它们离我们都很远，所以看起来好像离我们的距离都一样。

平面镜成像的原理很简单，但是不同的组合和应用，也会有很多的创新，只要我们能深刻理解原理加之以不同的思维角度就可以进行巧妙的应用，也启示我们，学过的知识要加以灵活应用，才能体现智慧。

讨论总结

平面镜成像规律。在日常生活中，如何巧妙应用平面镜成像？

第二环节：制作 3D 眼镜

阅读导航：

1. 人眼立体成像的原理是什么？
2. 3D 成像的技术原理有哪些？
3. 如何制作自己的 3D 眼镜（红蓝眼镜）？

现在，3D 电影已经普及，相信你也体验了不少 3D 影视带来的视觉享受。并且，在日常生活中的科技馆等场所，你可能见过甚至体验过 3D 影视及图像技术，但不能理解其中的技术原理，需要通过一些简单易行的实验逐步理解。

在上个环节中，我们通过“抓纸条”“插笔帽”游戏，了解了人的双眼视差原理，通过立体成像科技展品体验了人的双眼立体成像原理。我们见到的 3D 影视及日常生活中的 3D 图像，无论是使用哪种技术实现的，它们的原理都是一样的，即人两眼之间有 5.8~7.2 厘米左右的距离，在对一个物体成像时，左右两个眼成的像是不一样的，有差别（差别不大，人眼很难单独辨别）。这两个不一样的图像传递到人脑，就会合成一个立体的图像，即能在三维空间中准确定位。要让人看到 3D 影像，就必须让左眼和右眼看到不同的影像，使两副画面有一定差距，也就是模拟实际人眼观看时的情况。3D 的立体感觉就是这样产生的，说得通俗一点就是让左眼看左眼的图像，让右眼看右眼的图像，形成的就是立体图像。

在日常生活中，我们经常运用一些技术手段来实现 3D 成像。常用的 3D 技术手段有：通过颜色过滤原理分离左右图像，利用双图像分离左右图像，利用偏振光原理分离左右图像，利用快门分时原理分离左右图像，利用光栅原理实现左右图像分离，利用柱状透镜法分离左右图像。

1. 颜色过滤原理

利用颜色互补色过滤原理实现分离左右图像的技术中，常用的就是红蓝 3D 电影和眼镜、红绿 3D 电影和眼镜。这种技术历史悠久，又因其廉价、实惠、几乎不存在维护费用，适用性好的特点，被很多早期 3D 电影或者 3D 网络电影采用。但因为光通量不足，显示的画面往往较暗。

我们以红蓝互补色为例：现在的红蓝 3D 电影由红、蓝两个影像组成，红影像是左眼影像，蓝影像是右眼影像。左眼通过红色镜片只能看到红色的影像，蓝色影像被过滤掉，右眼通过蓝色镜片只能看到蓝色的影像，红色影像被过滤掉，从而实现了左眼看左眼图像、右眼看右眼图像的目的。红蓝图像上细微的差别通过双眼传递给我们的大脑，大脑进而判断物体的景深，便呈现出立体效果，所以看到的是立体影像。

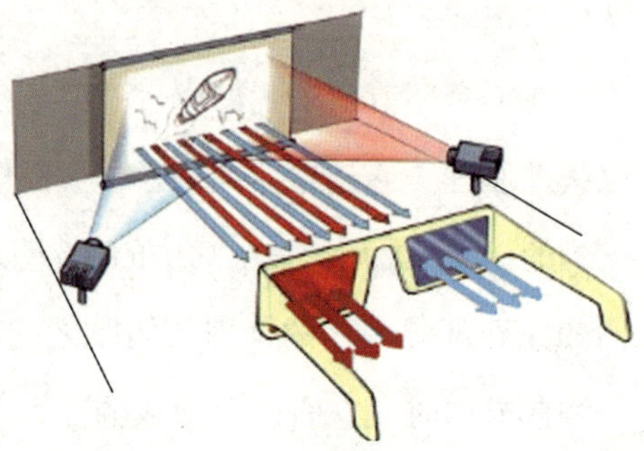

图 6.3.19 红蓝眼镜原理

我们可以制作一个红蓝影像的 3D 眼镜，方法如下：

(1) 制作工具和材料

红色塑料色纸、蓝色塑料色纸、尺、厚纸板、签字笔、剪刀、双面胶。

(为减小制作的难度，低年级的同学可用红蓝塑料镜片代替塑料色纸，也可用成品眼镜框)

(2) 制作方法和步骤

①用现成的眼镜做对照，把眼镜形状用签字笔描在厚纸板上。

②用剪刀裁剪出眼镜框的形状，眼镜腿也用剪刀裁剪出来。镜框画得厚一点，会比较耐用；鼻梁画得大一点，这样比较容易跟鼻子形状紧密结合，眼镜腿做长一点，再根据自己的实际情况进行调整。

图 6.3.20

③用双面胶把红色塑料色纸贴在左眼镜框上，把蓝色塑料色纸贴在右眼镜框上，左右不能搞错。如果单层塑料色纸颜色不够深的话，看到的立体效果会比较差，可以把纸对折成 3~4 层再贴上去。贴好后，剪掉多余的塑料色，这样 3D 眼镜就制作完成了。

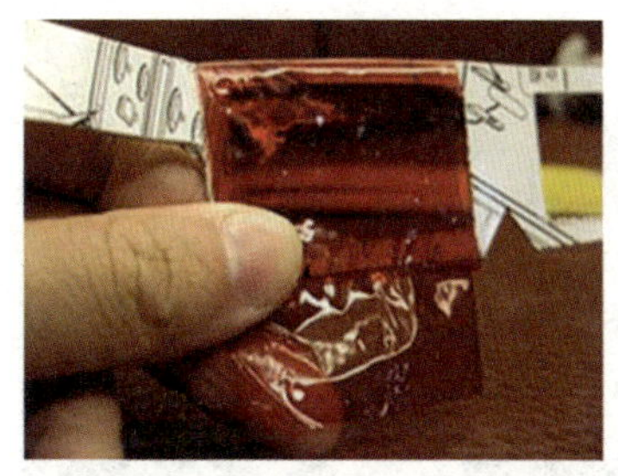

图 6.3.21

④戴上红蓝 3D 眼镜，看红蓝 3D 电影就会看到 3D 立体影像。

2. 图像左右分离法

此技术利用并行左右眼图像分别观看技术来实现，可用左右 3D 眼镜来实现，通过双目视差原理再现 3D 图像（图 6.3.22）。通过精密光学透镜，把左右视差图像并排显示的图像或视频（以下称左右格式图像）中的左右图像向反方向移动，使得左右眼视图均位移至原图中间位置。如此，左眼看到的左眼像就与右眼看到的右眼像空间位置重叠，通过人脑就形成了一幅立体像，同时立体像的两侧分别形成两幅非立体伴生像，这伴生的两幅像是多余的。在产品设计中，通过左右两个蝶型挡光翅，将伴生像挡掉，从而形成一幅唯一的、具有 3D 空间感的立体像。并行图像如图 6.3.23 所示。

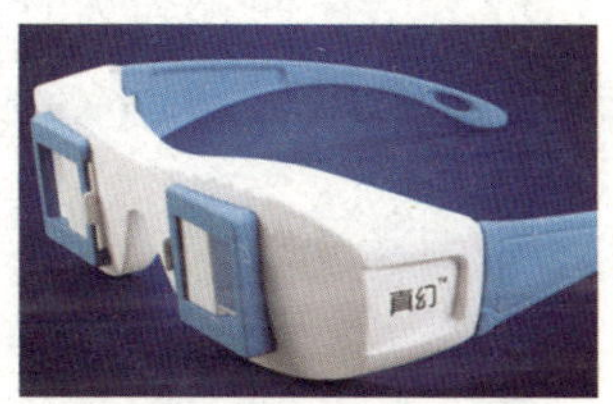

左右3D眼镜

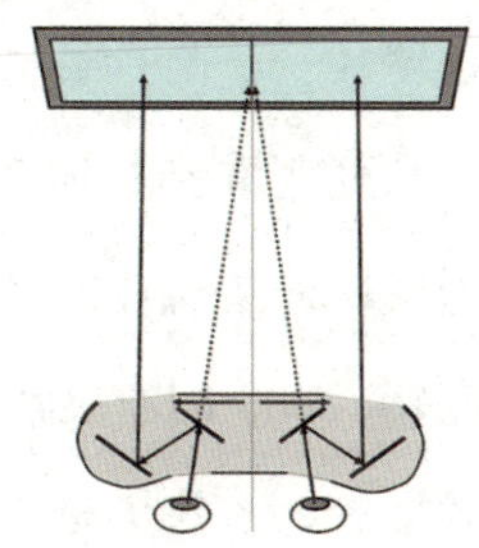

左右3D眼睛原理结构图

图 6.3.22

图 6.3.23　并行左右图像

3.偏振光分离法

图 6.3.24

偏光式 3D 技术也叫偏振式 3D 技术，可用偏振眼镜来实现左右眼图像分离。它利用光线有“振动方向”的原理来分解原始图像，先把图像分为垂直向偏振光和水平向偏振光两组画面，然后 3D 眼镜左右分别采用不同偏振方向的偏光镜片，这样人的左右眼就能接收两组画面，再经过大脑合成立体影像。原理如图 6.3.24 所示。

使用偏振镜是电影院中常见的一种 3D 电影解决方案。所谓偏振，基本原理是使用 XY 两个偏转方向，也就是通过眼镜上两个不同偏转方向的偏振镜片，让两只眼睛分别只能看到屏幕上叠加的纵向、横向图像中的一个，从而观看到立体效果。圆偏振是新一代的 3D 偏振技术，相比 XY 偏振那薄薄的塑料片要复杂许多，它的镜片偏振方式是圆形旋转的，一个向左旋转，一个向右旋转，这样两个不同方向的图像就会被区分开。这种 3D 影像播放，放映机是 2 台，播放经过偏振的相互垂直的图像，只有偏振方向和镜片偏振片方向相同才可以看到图片，效果才能最好，几乎被完全还原。观看时必须坐直，如果镜片有歪斜将会模糊（偏振角度变了）。

4.快门式分时分离法

快门式 3D 眼镜采用了当今最先进的“时分法”，通过 3D 眼镜与显示器同步的信号来实现。当显示器输出左眼图像时，左眼镜片为透光状态，而右眼为不透光状态，而在显示器输出右眼图像时，右眼镜片透光而左眼不透光，这样两只眼镜就看到了不同的影视画面，达到欺骗眼睛的目的。以这样地频繁切换来使双眼分别获得有细微差别的图像，经过大脑计算从而生成一幅 3D 立体图像。3D 眼镜在设计上采用了精良的光学部件，与被

动式眼镜相比，可实现每一只眼睛双倍分辨率以及很宽的视角。

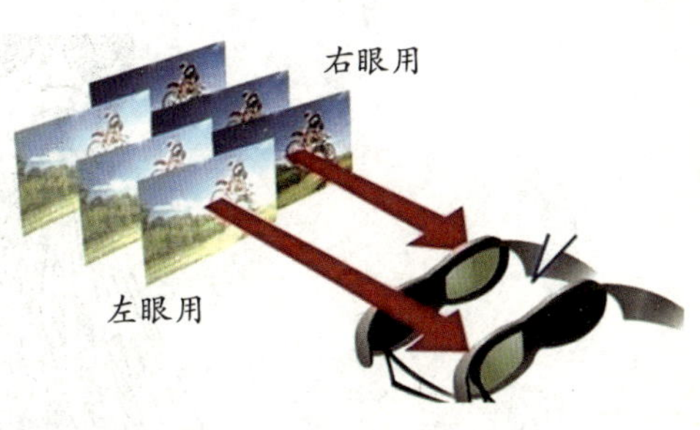

图 6.3.25

在电影《阿凡达》放映的时候，一些影院就使用了液晶快门式 3D 眼镜。3D 影片播放时，屏幕上是两幅图像，但这两幅图像是交替快速闪烁的，A 图出现则 B 图消失，B 图出现则 A 图消失。同时，液晶快门式 3D 眼镜会按照影片所给的信号，对应相应的 AB 图进行同步交替的镜片开关动作，实际使用时图像和眼镜快门的闪烁开关会很快，人眼是感觉不到快门跳动的。这种技术效果虽然不错，但设备昂贵，且有一些使用限制，长时间观看会导致眼部疲劳，信号也容易受到干扰，还需要用电。原理如图 6.3.25 所示。

5.光栅分离法

光栅 3D 技术属于裸眼 3D 技术，不佩戴 3D 眼镜。其原理是根据视差障碍原理使影像交互排列，先通过细长的纵列光栅后才由两眼捕捉观察。由于进入左、右眼的纵向影像因视差障碍器被分开，造成左、右眼所捕捉的影像产生微小偏离，最后经由视网膜当作三维影像读取。

技术实现方式是通过在 LCD 屏（液晶显示屏）的上方加装一片 TN LCD（扭曲向列液晶显示屏，上面做上平行的栅格，如图 6.3.27 中的“加电时”图）来实现 3D 显示效果。TN LCD 在静态驱动下显示若干等间距

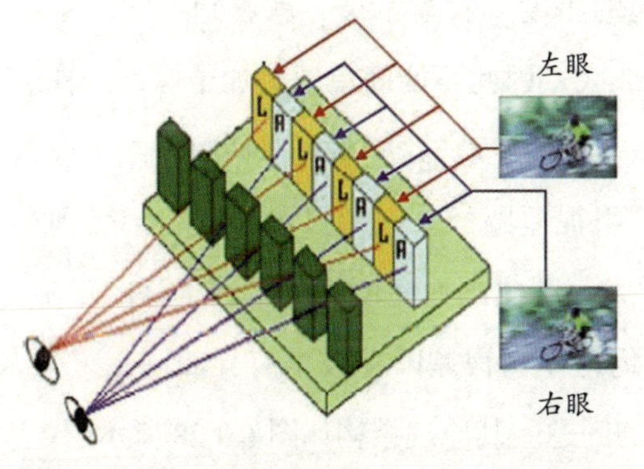

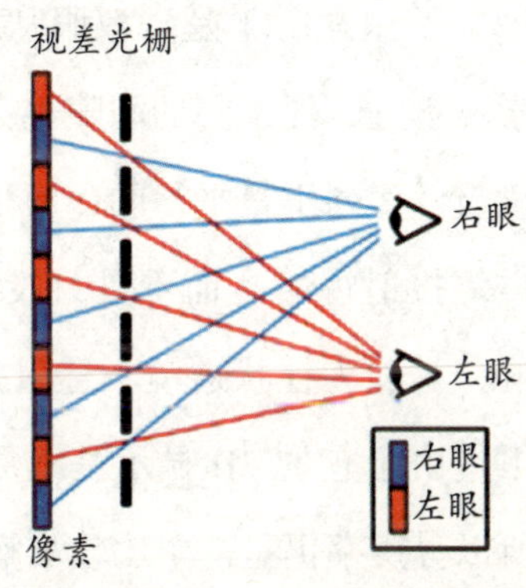

图 6.3.26

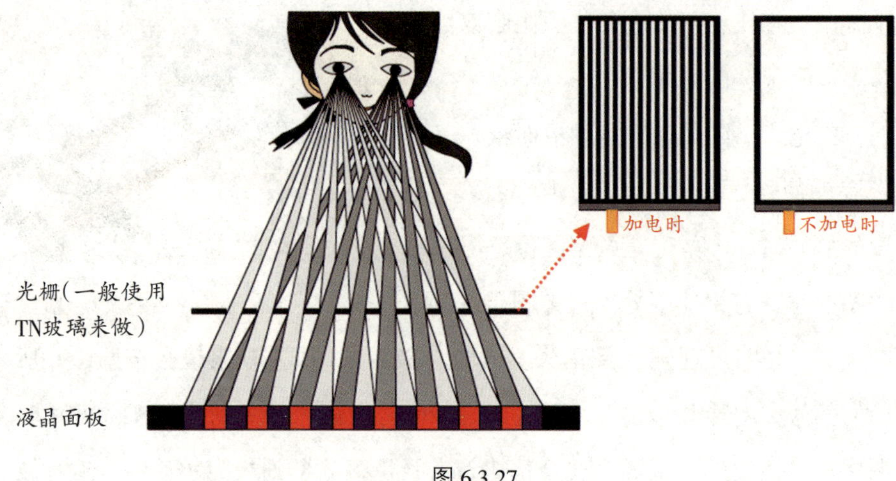

图 6.3.27

的黑色条纹，从而造成视差，在观察者眼中呈现 3D 图像。2D/3D 画面的切换也很容易实现，当不对 TN 玻璃加电压时，TN 玻璃是透明的，显示屏就可以显示 2D 画面来供观察者观看，从而实现在一个显示屏中既可以显示 3D 画面，也可以显示 2D 画面，结构原理如图 6.3.26 所示。

6.柱状透镜法

柱状透镜技术也被称为双凸透镜或微柱透镜 3D 技术，属于裸眼 3D 技术，不需佩戴眼镜。柱状透镜 3D 技术的原理是在液晶显示屏的前面加上一层柱状透镜，使液晶屏的像平面位于透镜的焦平面上，这样在每个柱透镜下面的图像的像素被分成几个子像素，这样透镜就能以不同的方向投影每个子像素。于是，双眼从不同的角度观看显示屏，就看到不同的子像素。不过，像素间的间隙也会被放大，因此不能简单地叠加子像素。柱透镜与像素列不是平行的，而是成一定的角度，这样就可以使每一组子像素重复投射视区，而不是只投射一组视差图像。它的显示亮度不会受到影响，是因为柱状透镜不会阻挡背光，因此画面亮度能够得到很好的保障。不过由于它的 3D 显示基本原理仍与光栅视差障壁技术有异曲同工之处，所以分辨率仍是一个比较难解决的问题。其原理结构如图 6.3.28 所示。

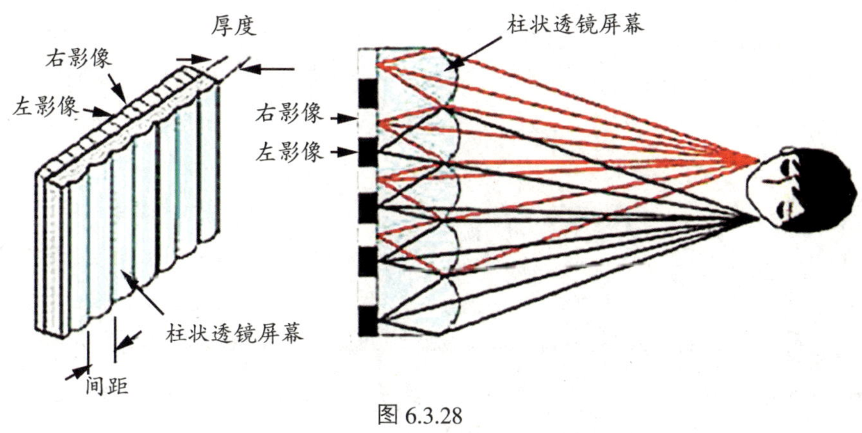

图 6.3.28

7.指向光源技术

指向光源 3D 技术搭配分布在左右两侧的两组不同角度的 LED，配合高刷新率的 LCD 面板和反射棱镜模块，让画面以奇偶帧交错排序方式，分别反射给左右眼互换影像产生视差，进而让人眼感受到 3D 三维效果。

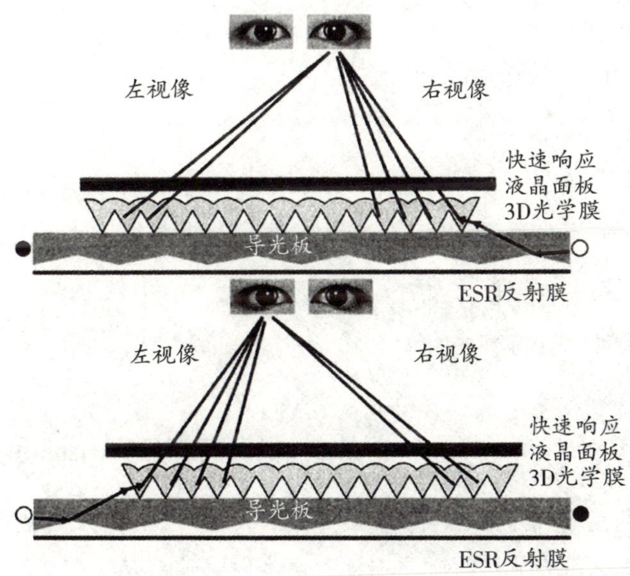

图 6.3.29

讨论总结

3D 眼镜的结构和原理有哪些？如何制作红蓝 3D 眼镜？

第四节
声音之韵

声学是物理学分支学科之一，是研究媒质中机械波的产生、传播、接收和效应的科学，研究范围包括声波的产生、接受、转换以及声波的各种效应。同时，声学测量技术是一种重要的测量技术，有着广泛的应用。媒质包括物质的各种形态（固体、液体、气体等），可以是弹性媒质也可以是非弹性媒质。机械波是指质点运动变化（包括位移、速度、加速度中某一种或几种的变化）的传播现象，机械波就是声波。我们的日常生活和声音息息相关，本专题我们就一起探究一下声波的特性。

第一环节：美妙的声音

阅读导航：

1. 声音的产生原理是什么？声音的频率和谁有关？
2. 如何制作一个萨克斯？
3. 声音的用途有哪些？

声音是空气分子的振动，是从声源向四周立体扩散的一组疏密波。空气分子并不是从声源一直跑到你的耳朵，而是在它本来的位置振动，从而引起与它相邻的空气分子随之振动，声音就是这样从声源快速地向外传播的。0℃时，声音在空气中的传播速度是 331 米/秒。声波的传播介质是空气分子，所以，在真空中声音是不能传播的。

声波每秒的振动次数称为频率，频率在 20Hz~20kHz 之间称为声波；

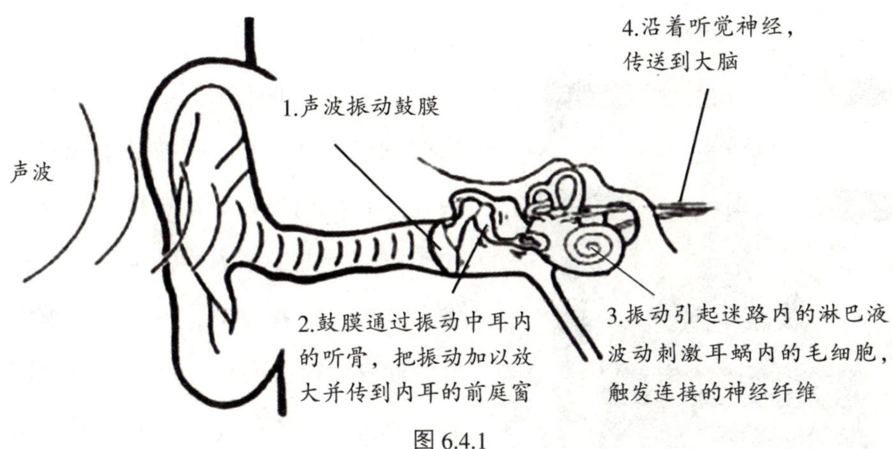
4.沿着听觉神经，
传送到大脑
1.声波振动鼓膜
声波
2.鼓膜通过振动中耳内
的听骨，把振动加以放
大并传到内耳的前庭窗
3.振动引起迷路内的淋巴液
波动刺激耳蜗内的毛细胞，
触发连接的神经纤维

图 6.4.1

频率大于 20kHz 称为超声波；频率小于 20Hz 称为次声波。超声波和次声波人耳是听不到的，地震波和海啸都是次声波。有些动物的耳朵比人类要灵敏得多，比如蝙蝠就能“听到”超声波。世界上很少存在单一频率的“纯音”，我们所听到的声音大都是各种频率的复合音，如乐器发出的单音就是周期性的复合音，语音则是非周期性的复合音。

声音是在气体、液体或固体介质里传播的一种机械振动。声波借助各种介质向四面八方传播，在气体和液体介质中传播时是一种纵波，但在固体介质中传播时可能混有横波。

声音最简单的形式为纯音，它是正弦波。正弦波是最简单的波动形式。优质的音叉振动发出声音的时候产生的是正弦声波，它是声波的振荡波形。任何复杂的声波都是多种正弦波叠加而成的复合波，它们是有别于纯音的复合音。正弦波是各种复杂声波的基本单元。

我们可以通过“声波看得见”科技展品来看一看正弦波。科技展品如图 6.4.2。操作方法是：观众把滚筒转动起来，用手弹琴弦，就会在滚筒上看到正弦波。展品展示的是声波的正弦波效果，我们知道，声音是一种纵波，琴弦的振动是琴音产生的来源，但我们无法直接从琴弦的振动看到纵波的存在。本展品利用人眼的视觉暂留效应，在琴弦后方放置一个黑白条纹滚筒，弦的振动会被短暂记录下来，这样琴弦的振动就会以近似正弦波

图 6.4.2

的形式被展示出来了。

声波前进的过程是相邻空气粒子之间的接力赛，它们把波动形式向前传递，自己仍旧在原地振荡，也就是说空气粒子并不跟着声波前进。“声源”在空气中振动时，一会儿压缩空气，使其变得“稠密”；一会儿空气膨胀，变得“稀疏”。这样，就形成了一系列疏、密变化的波，将振动能量传送出去。声音是由于振动发生的，通过空气振动传递到我们的耳朵里。

我们通过制作“会发笑的杯子”来体验声音产生的原理。

1. 制作工具和材料

纸杯、棉线、剪刀、回形针、绒布或其他的小块布、大头针或钉子（也可以用圆珠笔笔芯来替代）。

2. 制作方法和步骤

(1) 在杯子底部的中心位置用钉子戳一个洞，洞的大小可以使棉线或绳子穿过。

(2) 剪大约 45 厘米长的棉线，通过杯底的小孔穿入，从杯子的内侧拉出去。

(3) 将杯子底部外边的线头系在回形针上，多系几个结，这样在拉线的另一端的时候就不会把线拉出去了。

(4) 将布浸入水中，然后将多余的水分拧掉。

(5) 用这块湿布握住杯子内部的绳子，沿着绳子往下摩擦，制造出声音——会听到咯咯的声音。尝试在摩擦时距离长短不一，制造出不同的旋律。

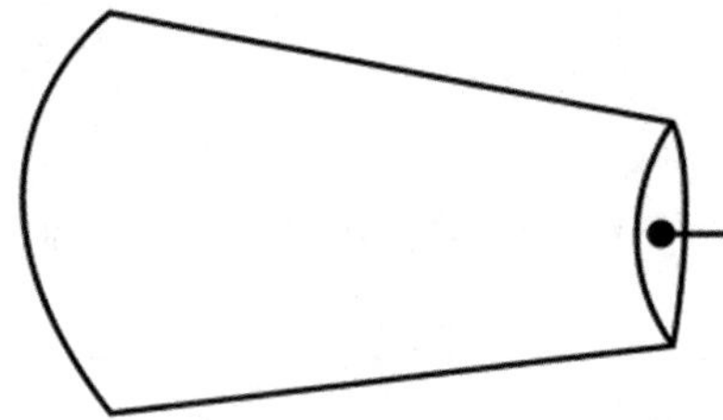

图 6.4.3

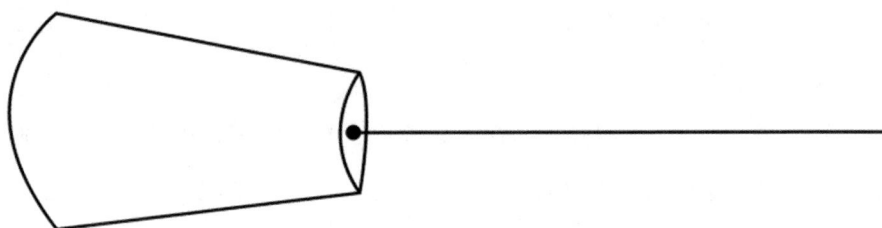

实验中，声音是通过摩擦振动产生的，当你用湿布摩擦线绳时，引起绳子的振动，产生声音（所有的声音都是由振动产生的）。纸杯或其他容器放大了这个声音。你可能注意到，大多数乐器有振动的部位，如琴弦或簧片，还有一个很大的空腔，可以引起空气的振动，放大声音的倍数。

声波波长不一样，频率就不一样。无论是弦乐器还是管乐器，都遵循这个规律。声波公式为：速度=波长×频率，由于声速是介质特性，不随入射波的频率而改变，声速在空气中的传播速度大约是每秒 340 米（15℃），声速不变。波长和频率成反比：波长越长，频率越低，声音低沉；波长越短，频率越高，声音高亢。

我们通过制作“水瓶萨克斯”来体验这种发声原理。

1. 制作工具和材料

1 个矿泉水瓶、橡胶薄膜（可用橡胶手套或气球皮代替）、剪刀、橡皮筋、吸管、A4 纸。

2. 制作方法和步骤

（1）将矿泉水瓶的瓶盖取下，标签撕下。用剪刀沿着瓶子的上端（距瓶口约 7 ~ 8cm），将顶部剪下，磨掉毛边，也可缠上一层胶布，使其比较平滑。

（2）只需要对瓶子的上半部分进行制作，在瓶子的上部打一个小孔，保证这个孔与吸管的直径相当，可以让吸管正好插进去。

（3）剪掉橡胶手套的指头部分，将剩下的部分剪开，做成一张橡胶皮。

(4) 将这块橡胶皮绷在瓶子的宽口处，用橡皮筋将橡胶皮固定在瓶子上，多缠绕几圈。

(5) 将一张 A4 纸放在水平面上，卷成管状，纸卷直径要正好可以伸入瓶口，纸卷要紧实、不弯曲。

(6) 用胶带将纸卷粘贴好，保证其不会从瓶口掉出来。纸卷顶部要紧紧地顶在橡胶皮中央，不能有缝隙。

(7) 在露出瓶口的纸卷部位，剪出一些小洞，就像笛子的小孔一样。

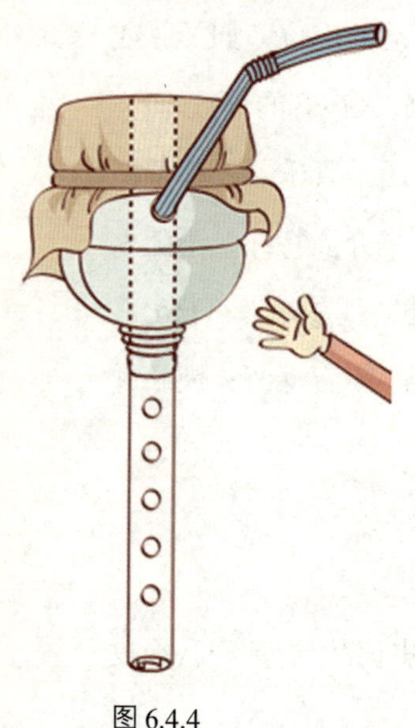
图 6.4.4

(8) 将吸管插入瓶子内侧的小孔中，水瓶萨克斯就做好了。从吸管口向瓶内吹气，你就能听到美妙的声音，手指松、堵纸卷上的小孔，你就能演奏音乐了。

实验展示的是声音的发生和频率变化原理。往吸管中吹气时，水瓶萨克斯内部的压力增大，纸卷外部和内部产生压力差，使得部分空气顶开橡胶皮进入纸卷中，然后逃逸。当空气逃逸时，萨克斯内部压强减小，橡胶皮在其弹力下重新恢复到原位置。如果你继续向萨克斯内部吹气，如此往复，橡胶皮就会产生快速的振动，从而带动空气振动，产生声音。你将手指放在纸卷的小孔上，也会感觉到振动，声音就是由振动产生的。手指不停地在纸卷的小洞部位按压、松开，空气冲出纸卷时，空气柱的长短就会发生变化，通过改变孔的松、堵就可改变空气柱的长度，从而产生不同的频率、音调。松开时，空气柱短，频率高、音调高；按压时，空气柱长，频率低、音调低。

如果振动能量在传送过程中，给它一个圆形的阻挡，就会形成一串能量非常集中的涡流，我们可以通过科技展品“空气涡流炮”来看一下这种涡流形状。展品展示效果如图 6.4.5 所示。

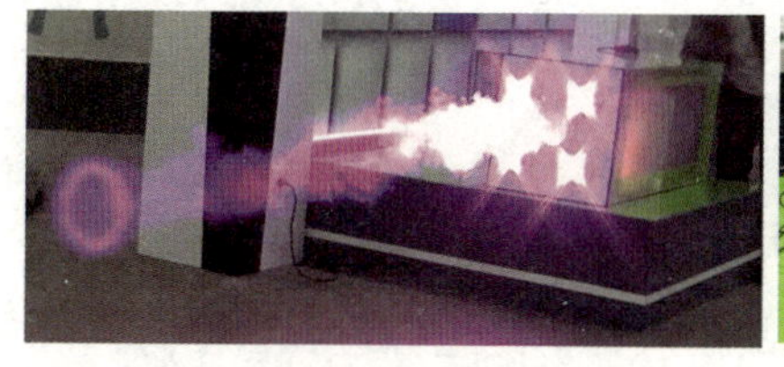

图 6.4.5 空气涡流炮展示效果图

图 6.4.6 空气涡流炮展品结构图

展品由一个四面密封的箱子组成，在其中一个面上开一个圆形的口（图 6.4.6）。空气无色、无味，很难看到能量在其中传播的形状，为了能更形象地看到能量形状，展品采用喷洒烟雾的方法。通过烟雾中的形状，就可观察到能量的形状。向箱子里面喷入烟雾后，从圆口相对的面，给箱内的空气一个振动，振动的能量携带烟雾从圆口中传出，我们看到了一个能量非常集中的快速旋转的烟环快速地向前喷出。这个能量非常集中的圆环，其实就是空气能量的涡流形状。由于空气是流体，这种涡流称为流体涡流。本来从圆口出来的能量是一个圆柱，但由于圆柱的速度快，而周围静止的空气就会不停地从圆柱四周阻滞能量圆柱，圆柱中心的能量就会流向四周，圆柱后面的压力小，能量又从后面向前流过来，从而形成了一个不断旋转着的圆环。空气涡流炮示意图如图 6.4.7 所示。

由于能量都集中在这个圆环上，所以圆环的能量非常大，我们可以通过“声音灭火”实验来体验这种圆环能量。

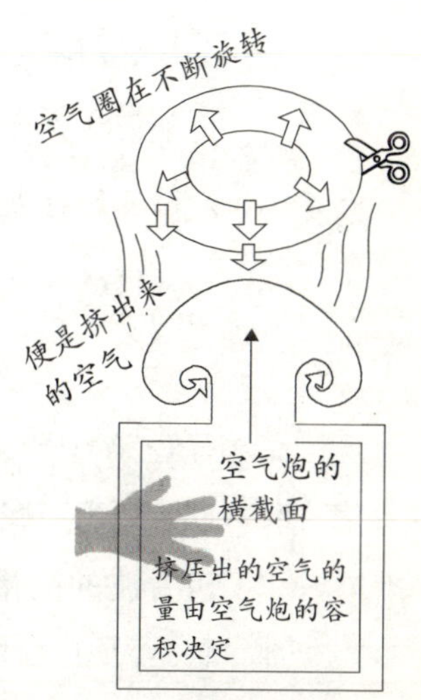
空气圈在不断旋转
便是挤出来的空气
空气炮的横截面
挤压出的空气的量由空气炮的容积决定

图 6.4.7

1. 制作工具和材料

直径为 10 厘米左右的圆纸盒或矿泉水瓶子、蜡烛、打火机或火柴、小木棍。

2. 制作方法和步骤

（1）在圆纸盒盒盖上剪一个直径为 1.5 厘米的圆洞，再把盒盖粘在纸盒上（也可以直接用矿泉水瓶）。

（2）点一支蜡烛放在桌上，把纸盒（或矿泉水瓶）

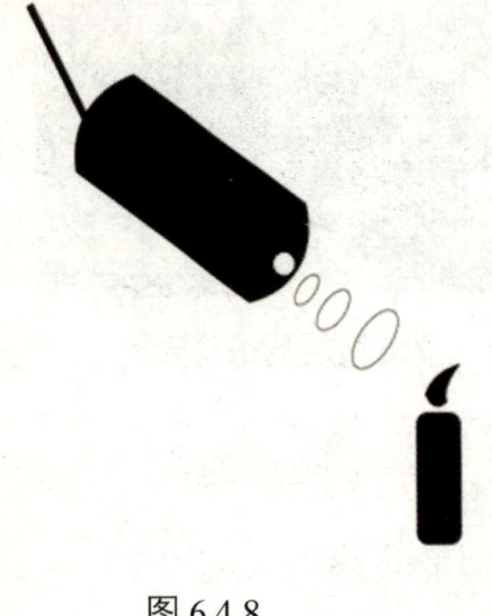
图 6.4.8

拿到离蜡烛 60 厘米左右的地方，让盒盖上的洞（瓶口）对准蜡烛。

(3) 用木棍击打盒底（瓶底），蜡烛就熄灭了。

本实验展示的是声音空气炮原理。当击打盒底（或瓶底）时，盒底（瓶底）振动，把能量传给盒内的空气，同时产生声音，盒内的空气冲出圆洞（瓶口）时产生了涡流，形成旋转的环，这种音环力量很大，就把燃烧的蜡烛扑灭了。

无论是两端封闭的管乐器、一端开放的管乐器还是完全开放的管乐器，在振动的过程中，都会产生驻波现象，生活中的很多现象都与驻波有关，下节课我们专门来探究生活中的驻波。

讨论总结

声音的产生、传播和能量涡流现象。

第二环节：声音与驻波

阅读导航：

1. 如何让声音产生驻波现象？驻波产生的原理是什么？
2. 驻波的特点是什么？日常生活中有哪些驻波现象？
3. 如何防止汽车爆胎？

驻波现象在日常生活中经常发生，声音更是经常发生驻波现象，驻波对我们日常生活影响较大，因此非常有必要学习了解，并掌握其原理。

声音波的能量在介质中传递时，遇到不同的介质，在两种介质交界处，就会产生反射，形成驻波。

驻波为两个振幅、波长、周期皆相同的正弦波相向行进干涉而成的合

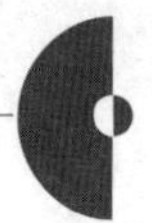

成波。此种波的波形无法前进，因此无法传播能量，故称驻波。驻波通过时，每一个质点皆做简谐运动。各质点振荡的幅度不相等，振幅为零的点称为节点或波节；振幅最大的点位于两节点之间，称为腹点或波腹。由于节点静止不动，所以波形没有传播。能量以动能和势能的形式交换储存，亦传播不出去。

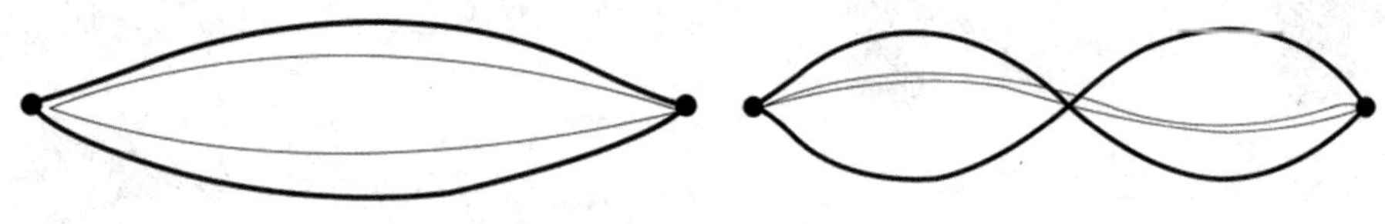

图 6.4.9

驻波多发生在海岸陡壁或直立式水工建筑物前面。紧靠陡壁附近的海水面随时间做周期性升降，海水呈往复流动，但并不向前传播，水面基本上是水平的，这就是由于受岸壁的限制使入射波与反射波相互干扰而形成的。相邻两波节间的水平距离仍为半个波长，因此驻波的波面包含一系列的波腹和波节，腹节相间。波腹处的波面的高低虽有周期性变化，但此断面的水平位置是固定的，波节的位置也是固定的。这与行进波的波峰、波谷沿水平方向移动的现象正好相反。当波面处于最高和最低位置时，质点的水平速度为零，波面的升降速度也为零；当波面处于水平位置时，流速的绝对值最大，波面的升降也最快。这是驻波运动独有的特性。

产生驻波的条件：

① 传输线终端开断、短连或阻抗不匹配，出现了反射；

② 两种波的频率、传输速度完全相同，但方向相反。

我们通过一段神奇的钢管实验来体验一下声音在钢管中的驻波。

1. 实验器材

螺丝刀 1 个，直径为 2-5 厘米、长度为 30~60 厘米的不锈钢钢管 1 根。

2. 实验方法和步骤

（1）一只手持钢管上部的头部，另一只手拿螺丝刀敲击钢管的下部，

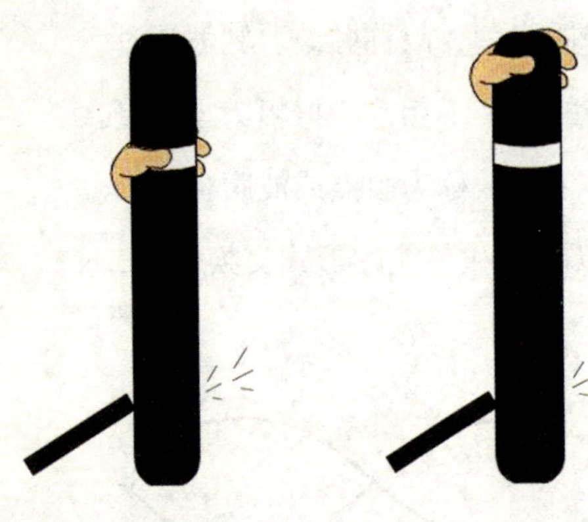

可以听到极短的敲击音。

(2) 一只手持钢管的1/4处，另一只手拿螺丝刀敲击钢管的下部，可以听到清脆悠长的敲击音。

(3) 还可以持钢管的其他部位，分别听一下敲击音，是清脆悠长的，还是短暂低沉的。

图 6.4.10

从实验中可以体验到声音在固体中形成驻波的效果。敲击钢管时，钢管振动激发周围的空气振动，形成空气压力波（纵波）进入耳朵，激发鼓膜，我们就能听到声音。在钢管中传递的行波遇到钢管末端进行反射，和原来的行波方向相反，频率、振幅一样，叠加后形成驻波。驻波中有波节和波腹，波节的点始终不动，波腹是振动最大的点。当我们手持的点是波节时，不影响波的振动，因此波衰减的时间就长些，声音清脆悠长；当我们手持的点是波腹时，阻碍了波的振动，波衰减得很厉害，因此振动很快停止。

从上面的实验中，我们用耳朵体验了声音驻波的神奇，那么，声音驻波能不能用眼睛看到呢？能。下面，我们通过科技展品“雪浪声波”（图6.4.11），用眼睛来看一看声音驻波的样子。

展品操作方法：打开开关，用手在电子琴键上弹奏乐曲，这时，不仅能听到音乐声，还能通过上面的透明管子看到管子内的白色泡沫随着音乐在原地上下翩翩起舞。不同频率的声音，白色泡沫起舞的位置是不一样的。管子中整个白色泡沫的状态、形状就是该频率的声音的驻波波形。

图 6.4.11

展品之所以能够展示声音驻波的

波形，是由它的巧妙结构决定的。展品有电子琴、大功率扬声器、一段封闭的透明亚克力管，里面装有白色的塑料泡沫。扬声器的开口套在透明亚克力管子开口上，并封闭，把扬声器发出的声音封闭在亚克力透明管子里。扬声器通过音频线和电子琴相连，电子琴发出的乐声通过扬声器播放出来。

当我们用手在电子琴键上弹奏音乐时，乐声通过扬声器播放到封闭的透明亚克力管中，声音能量沿着管子前进，当遇到封闭的末端时，进行反射，由于行进波和反射波是两个振幅、波长、周期皆相同的正弦波，且其行进方向相反叠加，从而干涉形成合成波。此种波的波形无法前进，只能在原地上下振动，因此无法传播能量，故称驻波。图 6.4.12 展示的依次是驻波的一次谐波、二次谐波、三次谐波的波形。

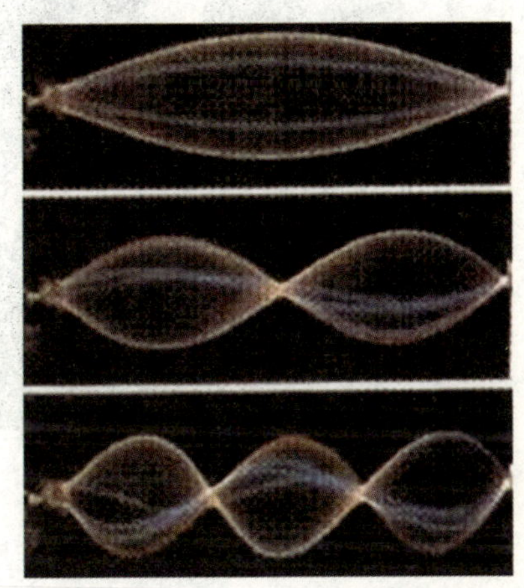

图 6.4.12

共振与驻波渗透于我们日常生活的方方面面，下面我们做一个洗手盆的共振驻波实验，也称为“鱼洗”。之所以称为“鱼洗”，是因为盆底有四条“汉鱼”浮雕，鱼嘴处的喷水装饰线从盆底沿盆壁辐射而上，当盆内注入一定量清水，用潮湿双手来回摩擦铜耳时，可观察到伴随着鱼洗发出的嗡鸣声中有如喷泉般的水珠从四条鱼嘴中喷射而出，水柱高达几十厘米，煞是壮观。

鱼洗演示仪是由青铜浇铸而成的薄壁器皿，形似洗脸盆，盆壁自然倾斜外翻，盆沿上有一对铜耳。向盆内注入 4/5 量的清水，当两手有节奏地摩擦盆边两耳时，产生两个振源，盆会像受击撞一样振动起来，振波在水中传播，盆内水波荡漾、互相干涉，使能量叠加起来，这些能量较大的水点，会跳出水面。之所以会产生这种景象，是因为产生了共振和驻波。

由于双手来回摩擦铜耳时，手摩擦铜耳产生的振动和鱼洗盆本身固有的振动频率一致，导致鱼洗产生共振现象，振幅较大，鱼洗周壁产生对称振动，相应地激发鱼洗里的水发生相应的谐和振动。这种振动在水面上相向传播，并与从盆壁反射回来的反射波叠加，由于波的振幅、波长、周期完全一致，形成了驻波。波腹处的水被能量抛到空中，水珠四溅。

图 6.4.13

演示此实验，不一定用鱼洗样的铜盆，其他的不锈钢盆、陶瓷碗都可以做到，只要把盆沿、碗沿清洗干净，没有油污，手摩擦时，掌握好节奏，找到和不锈钢盆或陶瓷碗固有频率一致的摩擦频率，就可以发生共振和驻波现象。在厨房里找个不锈钢盆或陶瓷碗试试吧。

汽车成为我们日常生活中不可缺少的交通工具，对汽车安全威胁最大的是爆胎事故。快速行驶的汽车为什么会爆胎呢？我们来探究一下这个问题。

也许很多人给出的解释是：爆胎是因为轮胎气压大。其实不是，因为汽车轮胎没有内胎，正常的轮胎又非常坚固，完全可以承受正常胎压 3 倍以上的胎压。即使胎压打的大一点，也完全没有问题。其实，气压小于正常胎压的轮胎才更容易爆胎，有人给出的解释是：胎压小，汽车轮胎变形较大，产生了热量，热量加热了胎内的空气，导致胎压增大，发生爆胎。这种解释看似靠谱，其实也不对，热量加热了空气，空气膨胀了，胎压升高了，轮胎就不变形了，产生的热量也就消失了，没有了胎压继续升高的

条件，且轮胎暴露在高速的气流中，散热效果很好，温度高不到哪里去。所以，这种解释也不对。

那爆胎是怎么发生的呢？其实轮胎驻波才是罪魁祸首。发生爆胎是因为汽车轮胎发生了驻波现象，汽车在行进过程中，汽车的重量会使轮胎接触地面的部分稍有变形，车行驶时，变形的部分离开了路面后将恢复原状。如果从轮胎表面一个点来看，轮胎转一次，这个点就发生一次变形和复原的过程，变形和复原是需要时间的，在高速行驶时，当其复原速度赶不上轮胎的转速时，就会在轮胎接地面后侧引起驻波的异常形变现象，这就是轮胎驻波现象。在这种状态下，驻波的这部分花纹受到剧烈的摩擦而急剧升温，不久就引起胎面橡胶从内部胎体剥落，从而导致高速爆胎！从发生驻波现象到爆胎，开车的人不会有任何感觉和预兆。不像漏个气、方向跑偏什么的，这是高速上独有的致命的现象，而事故后人们都只是简单地归纳说是爆胎。

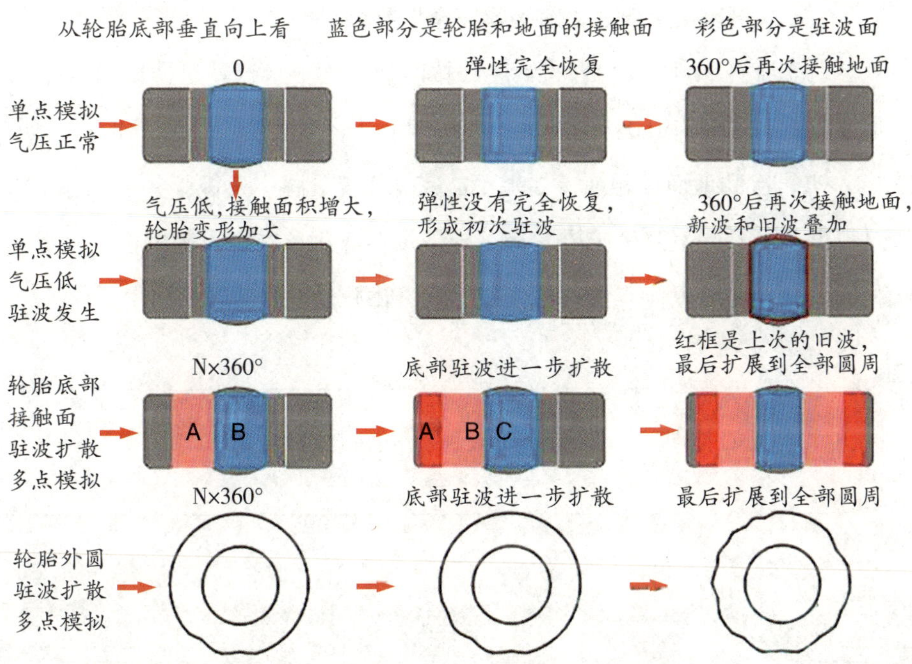

图 6.4.14　驻波开始 N 次以后——突然爆胎

懂得了轮胎驻波现象的形成，知道高速行驶爆胎与驻波现象之间的关系后，在高速公路上行车时，车速最好控制在 100km/h 左右，并且在每行驶 20~30 千米时，有意将车速降低，让轮胎温度降下来，将轮胎因高速而产生的驻波现象消除掉，从而减少高速爆胎的发生。

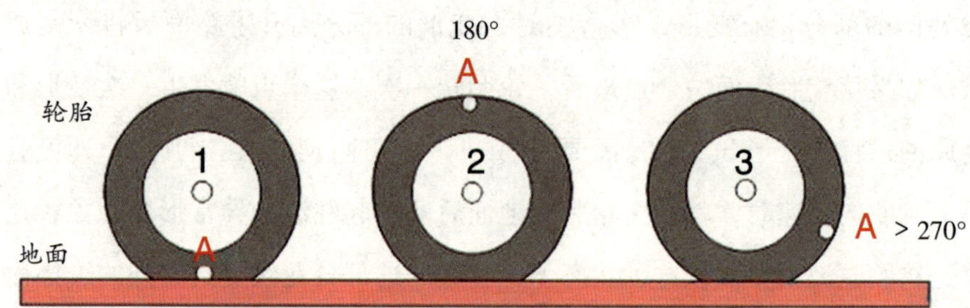

图 6.4.15

1. 轮胎和地面接触点 A 被压缩。

2. A 点离开路面后，在弹性恢复过程中。

3. A 点再次接触地面之前必须完全恢复形状。

对于直径 60 厘米左右的轮胎，按时速 120 千米行驶时，留给 A 点弹性恢复的时间只有 0.05~0.06 秒，气压偏低，将大大延长 A 点的恢复周期。当 A 点再次和地面接触前，如果不能完全恢复，将引发橡胶分子摩擦共振且温度急剧升高，产生胶层脱离，导致爆胎。因此在许可范围内，将胎压稍微调高，将缩短 A 点的弹性恢复时间，谨防轮胎驻波现象发生。

讨论总结

驻波的特点。驻波产生的条件。如何合理地应用驻波？